Abraçando o Propósito Divino

Desencadeando o Propósito

Uma jornada de fé e humanidade, guiada pela luz divina no caminho certo

CEULEMANS BRAGA

"Nele, eu digo em que também fomos feitos herança, para predestinar de acordo com o propósito daquele que faz todas as coisas de acordo com o conselho de sua vontade."
— Efésios 1:11

Página de Direitos Autorais

Primeira Edição: 2025

ISBN:

Escritório Editorial:
Website:
Email:

Índice

CAPÍTULO 1: RAÍZES SAGRADAS

"Nele, eu digo em que também fomos feitos herança, para predestinar de acordo com o propósito daquele que faz todas as coisas de acordo com o conselho de sua vontade." - Efésios 1:11(**Colossenses** 2:6-7)

As Sementes da Fé

Em uma família humilde do Brasil, onde os sonhos pareciam distantes e as oportunidades escassas, nascia uma criança que carregaria dentro de si algo extraordinário. Não havia sinais externos de grandeza - nem riqueza, nem posição social privilegiada, nem educação formal avançada. Mas havia algo muito mais poderoso: a herança espiritual transmitida através de gerações de fé.

A avó de Ceulemans Braga era uma mulher de oração, dessas que conhecem os segredos do reino espiritual. Suas mãos calejadas pelo trabalho árduo eram as mesmas que se erguiam em intercessão todas as madrugadas. Ela não sabia que estava plantando sementes proféticas no coração de seu neto, sementes que floresceriam anos mais tarde em terra estrangeira.

"Quando você precisar de alguma coisa," ela costumava dizer ao jovem Ceulemans, "se você estiver em perigo, clame por Jesus. Porque Ele sempre ouve nossa aplicação." Essas palavras, aparentemente simples, carregavam o peso de uma revelação divina. A avó não apenas estava ensinando uma oração - estava profetizando sobre o destino espiritual de seu neto.

A Mistura Poderosa

Dentro do jovem Ceulemans, uma mistura singular estava sendo formada: fé, sonho e conquista. Era uma combinação poderosa que o diferenciava dos demais jovens de sua idade. Enquanto outros se contentavam com as circunstâncias presentes, ele carregava uma inquietação santa, uma sensação de que havia algo maior esperando por ele.

Essa mistura não era obra do acaso. Era o resultado de palavras plantadas com propósito divino, palavras que geraram destinos. A avó, sem talvez compreender completamente, estava sendo usada por Deus para preparar um instrumento que serviria a muitas pessoas no futuro.

A família podia ser humilde em recursos materiais, mas era rica em fé e determinação. O jovem aprendeu desde cedo que a verdadeira riqueza não se mede em posses, mas na capacidade de sonhar, lutar e vencer. Mais importante ainda, aprendeu que havia uma força superior guiando cada passo, cada decisão, cada momento de sua vida.

O Diferencial Divino

Em um mundo em pleno século XXI, onde a tecnologia avança cada vez mais, uma pergunta ecoa no coração humano: "Em quem podemos confiar?" Para Ceulemans, essa resposta foi construída desde a infância através do exemplo de uma avó que confiava completamente no Deus vivo.

A palavra "confiança" tem um poder de transformação que pode ser positivo ou negativo, dependendo de onde é depositada. A avó de Ceulemans ensinou-lhe a depositar essa confiança no lugar certo: nas promessas de Deus, na fidelidade divina, no amor incondicional do Criador.

Independente do lugar onde ele estava, Ceulemans era diferenciado. Não por arrogância ou superioridade, mas por carregar dentro de si uma convicção inabalável de que Deus tinha um plano específico para sua vida. Essa convicção foi o combustível que o impulsionaria para além das fronteiras de sua terra natal.

As Promessas que Sustentam

As promessas que a avó falava não eram apenas palavras de consolo - eram decretos proféticos que se cumpririam no tempo certo. Quando ela dizia que Deus tinha algo especial para seu neto, estava declarando uma verdade espiritual que se manifestaria de formas que nem ela poderia imaginar.

Essas promessas tornaram-se âncoras na vida de Ceulemans. Nos momentos de dúvida, quando o caminho parecia incerto, ele podia voltar às palavras da avó e encontrar força para continuar. Era como se cada promessa fosse uma chave que abriria portas no futuro.

O poder das palavras proféticas é extraordinário. Elas não apenas predizem o futuro - elas o moldam. Quando uma pessoa de fé declara bênçãos sobre a vida de alguém, essas palavras ganham vida própria e trabalham para se cumprir através das circunstâncias da vida.

A Preparação Invisível

Sem perceber, Ceulemans estava sendo preparado para um ministério que transcenderia fronteiras geográficas e culturais. Cada experiência de sua juventude, cada palavra de fé recebida, cada momento de oração presenciado na casa da avó - tudo isso era parte de um currículo divino que o capacitaria para o que estava por vir.

A preparação de Deus raramente é óbvia no momento em que acontece. Muitas vezes, só olhando para trás é que podemos ver como cada peça se encaixava perfeitamente no quebra-cabeças divino. A humildade da família, a fé da avó, as dificuldades financeiras, os sonhos que pareciam impossíveis - tudo isso era parte de um plano maior.

Deus estava moldando um vaso que seria usado para levar esperança, cura e direção divina para pessoas de diferentes culturas e idiomas. O Brasil era apenas o lugar de formação; o mundo seria seu campo de atuação.

O Fundamento Eterno

As raízes sagradas plantadas na infância de Ceulemans não eram apenas influência familiar - eram fundamentos eternos que sustentariam toda sua jornada espiritual. A fé não herdada, mas cultivada; a confiança não baseada em circunstâncias, mas em promessas divinas; o propósito não inventado, mas revelado.

Quando chegasse o tempo de deixar sua terra natal, Ceulemans não partiria como um aventureiro em busca de fortuna. Partiria como um homem com destino, carregando dentro de si as sementes de um ministério que transformaria vidas. As raízes sagradas que o sustentavam garantiriam que, não importa quão longe fosse, ele nunca perderia sua identidade espiritual.

Essas raízes também serviriam como fonte de sabedoria e discernimento espiritual. Nos momentos em que Deus falasse ao seu coração, ele reconheceria a voz porque havia sido treinado desde criança a ouvi-La. Quando precisasse ministrar a outros, teria um poço profundo de fé e experiência espiritual de onde extrair.

A Herança que Transcende Gerações

A avó de Ceulemans pode não ter deixado bens materiais significativos, mas deixou algo infinitamente mais valioso: uma herança espiritual que seria multiplicada através das gerações. Suas orações e palavras proféticas não apenas transformaram a vida de seu neto, mas através dele alcançariam milhares de outras pessoas.

Essa é a beleza da semeadura espiritual - ela nunca para de produzir frutos. As palavras de fé pronunciadas sobre uma criança podem gerar transformações que atravessam oceanos e impactam culturas diferentes. O investimento espiritual da avó em seu neto se tornaria um investimento no reino de Deus em escala global.

Assim, as raízes sagradas plantadas em solo brasileiro se preparariam para nutrir uma árvore que daria frutos em terra americana, provando que o propósito de Deus não conhece fronteiras e que Sua fidelidade alcança todas as gerações que confiam em Suas promessas.

"Estas são as palavras que geram e transformam destinos."

CAPÍTULO 2: A JORNADA COMEÇA

"O propósito é maior que o chamado"(**Isaías** *41:10)*

A Decisão

Dezembro de 2002. O calor sufocante do verão brasileiro contrastava com a decisão fria que Ceulemans havia tomado. Aos 21 anos, ele estava prestes a deixar tudo para trás e partir para um país desconhecido, onde não conhecia ninguém e não falava o idioma.

Sua avó segurou suas mãos com força incomum. "Lembra-se do que sempre te disse," sua voz tremia. "Quando precisar de alguma coisa, se estiver em perigo, clame por Jesus. Ele sempre ouve nossa aplicação."

Ceulemans assentiu, sentindo o peso daquelas palavras. Não eram apenas conselhos - eram instruções de sobrevivência espiritual.

Natal Branco

25 de dezembro de 2002. Um dia que deveria ser de celebração familiar tornou-se o dia de sua partida. Com apenas 21 anos e uma mala cheia mais de fé do que de pertences, Ceulemans embarcou para os Estados Unidos.

Quando o avião aterrissou e ele saiu do aeroporto, o choque foi imediato: neve. Muita neve. Um lugar branco, puro, coberto por um manto gelado.

"Parecia que eu estava sonhando," ele lembrava. "Igual os filmes que eu assistia na televisão. Um lugar maravilhoso."

Mas a maravilha inicial logo deu lugar à realidade dura. Boston, Massachusetts - repleta de oportunidades, mas também de desafios imensos para um jovem brasileiro que mal conseguia pedir água em inglês.

Os Primeiros Passos

As primeiras semanas foram uma mistura de deslumbramento e desespero. Sem rede de apoio, sem domínio do idioma, sem referências. Apenas a fé que sua avó havia cultivado nele.

"Comecei a trabalhar," ele recorda. "Qualquer trabalho que aparecesse, eu aceitava."

Foram meses de trabalho árduo, economizando cada dólar. Enquanto outros jovens saíam para se divertir, Ceulemans trabalhava turnos duplos, carregando a visão de algo maior.

O Primeiro Carro

Depois de meses juntando dinheiro, Ceulemans finalmente comprou seu primeiro carro - um Toyota 1994 com 120 mil milhas, custando $3.500.

"Meu primeiro carro," ele sorriu com orgulho. "E eu todo feliz com o carro."

Era um símbolo de progresso, prova de que o sonho não era impossível. Com a empolgação, decidiu testar sua nova aquisição. "Resolvi dar uma volta em Boston."

Era a época em que GPS Garmin estava se popularizando. Ceulemans comprou um e instalou no carro, sentindo-se preparado para explorar sua nova cidade.

Perdido

O que começou como um passeio alegre rapidamente se transformou em provação. "Enchi o tanque e fui para bem longe," ele conta.

As estradas americanas eram diferentes - largas, rápidas, com placas em inglês que ele mal conseguia decifrar. O GPS parecia confundi-lo mais do que ajudar.

"Fiquei 2 horas perdido sem saber para onde ir. Sem falar inglês."

O sol começava a se pôr. O tanque baixava. Ceulemans, que havia deixado o Brasil com tanta confiança, agora se via completamente perdido.

"Comecei a ficar desesperado," ele admite.

O Encontro Divino

Incapaz de continuar, Ceulemans parou o carro na beira da estrada. As mãos tremiam no volante. O silêncio era ensurdecedor.

"Parei o carro e comecei a falar com Deus."

Não foi uma oração formal. Foi o grito desesperado de um jovem perdido, clamando ao Deus que sua avó sempre lhe dissera que estava presente.

E então, aconteceu.

"A voz Dele começou a sussurrar em meu coração."

Não era audível, mas era inconfundível - o Espírito Santo que sua avó lhe ensinara a reconhecer.

"Comecei a conversar com Ele o que fazer." Não era um monólogo de súplicas, mas um diálogo real.

As lembranças fluíram. "Comecei a lembrar da minha vó, que sempre falava que quando eu precisasse de alguma coisa, se eu estivesse em perigo, clamasse por Jesus. Porque Ele sempre ouve nossa aplicação."

Aquelas palavras agora ressoavam com poder novo. "Lembrei da origem da palavra liberada" - as promessas proféticas que sua avó havia falado sobre sua vida.

A Orientação

O que aconteceu foi sutil, mas inequívoco. Clareza mental onde antes havia confusão. Paz onde antes havia pânico. Direção onde antes havia desorientação.

Ceulemans sentiu impressões claras de qual direção tomar. Não foi o GPS que o guiou para casa - foi a voz suave do Espírito Santo.

Ele ligou o carro, desta vez com mãos firmes e coração tranquilo. Seguiu as impressões internas, virando quando sentia que deveria virar. E lentamente, milagrosamente, as estradas começaram a parecer familiares.

Quando chegou em casa, já era noite fechada. Havia saído para um passeio casual e retornava de uma jornada espiritual transformadora.

Lições da Estrada

Aquela experiência ensinou lições fundamentais:

A vulnerabilidade cria espaço para o divino. Foi quando parou de tentar resolver sozinho que conseguiu ouvir Deus claramente.

As palavras proféticas são ativadas nos momentos de necessidade. A sabedoria de sua avó era preparação profética.

A orientação divina é real e disponível para situações cotidianas. Deus se importava com um jovem perdido em Boston.

Compreendendo o Propósito

Nos dias seguintes, Ceulemans começou a compreender algo profundo. Estar perdido e ser guiado não era apenas sobre encontrar o caminho de casa - era sobre aprender a confiar na orientação divina para toda a vida.

"Demorei para entender a origem, que o propósito é maior que o chamado."

O chamado havia sido vir para a América. Mas o propósito era aprender a viver em constante comunicação com o Espírito Santo, desenvolvendo sensibilidade espiritual que eventualmente o permitiria ajudar outros quando estivessem perdidos.

Cada desafio - idioma, cultura, solidão, finanças - não eram obstáculos, mas preparação. Deus estava usando a imigração para moldá-lo, ensiná-lo a depender da orientação divina.

Solo Sagrado Americano

O Brasil havia sido onde as sementes foram plantadas. A América estava se tornando o solo onde germinariam.

"Com apenas 21 anos de idade em uma terra abençoada por Deus." Não era mais apenas o solo brasileiro que era sagrado - qualquer lugar onde Deus se manifestava tornava-se solo sagrado.

Aquele Toyota à beira da estrada havia se tornado um altar temporário, lugar de encontro divino tão sagrado quanto qualquer igreja. Era onde um jovem imigrante aprendeu: Deus não se limita a lugares santos designados. Ele encontra Seus filhos onde quer que estejam.

O Começo

Olhando para trás, Ceulemans via como aquele dia perdido em Boston foi quando verdadeiramente encontrou seu caminho. Não apenas de volta para casa, mas para seu destino espiritual.

"Nessa jornada da vida, percebemos que não somos o foco." A jornada nunca foi sobre sucesso pessoal. Era sobre tornar-se um instrumento através do qual Deus pudesse manifestar Seu amor a outros.

Cada pessoa que ele eventualmente ajudaria seria beneficiária das lições aprendidas naquela tarde fria em Boston - perdido mas sendo encontrado, desesperado mas sendo consolado, confuso mas sendo guiado.

A jornada havia começado. E o propósito era sempre maior que o chamado.

"Deus me fez lembrar das origens e das promessas."

CAPÍTULO 3: A SENHORA NO SUPERMERCADO

*"Coloque o pé que Deus vai colocando a estrada. Você não está sozinho."(**2 Coríntios** 5:7)*

O Sussurro Divino

Era uma tarde comum como tantas outras quando Ceulemans decidiu fazer uma pequena compra no supermercado local. Não havia nada de especial no dia - apenas a necessidade rotineira de comprar alguns itens para casa. Mas Deus tinha outros planos para aquela visita aparentemente comum.

No momento em que atravessou as portas automáticas do estabelecimento, algo extraordinário aconteceu. Uma voz começou a falar em seu interior - não uma voz audível, mas aquele sussurro característico do Espírito Santo que ele havia aprendido a reconhecer desde criança. Era a mesma voz que o guiara quando esteve perdido em Boston com seu primeiro carro, a mesma presença que sempre se manifestava nos momentos em que Deus queria usá-lo para tocar a vida de alguém.

A voz não falava em palavras específicas, mas em impressões claras e direções inequívocas. Era como se o Espírito Santo estivesse preparando-o para algo que estava prestes a acontecer, alertando seus sentidos espirituais para uma oportunidade divina que se apresentaria.

O Primeiro Encontro

Logo na entrada do supermercado, seus olhos foram direcionados para uma senhora de aproximadamente 61 anos. Não foi coincidência

- Ceulemans já havia aprendido que quando Deus chama nossa atenção para alguém, sempre há uma razão específica. O Espírito Santo havia falado ao seu coração que algo importante estava prestes a acontecer, e aquela mulher era parte do plano divino.

A senhora caminhava lentamente pelos corredores, com a postura de quem carregava mais do que apenas um carrinho de compras. Havia algo em seus olhos - uma mistura de dignidade e preocupação que tocou profundamente o coração de Ceulemans. Ele a observou discretamente enquanto fazia suas próprias compras, sentindo crescer dentro de si a certeza de que Deus estava orquestrando aquele encontro.

Durante todo o tempo em que percorreu os corredores do supermercado, Ceulemans manteve-se atento aos sussurros do Espírito Santo. Era como se estivesse em uma conversa constante com Deus, perguntando: "Senhor, o que o Senhor quer me mostrar?" Essa era sua oração habitual nos momentos em que sentia a presença divina se movendo à sua volta.

A Revelação no Caixa

O momento culminante chegou quando Ceulemans terminou suas compras e se dirigiu ao caixa para pagar. E quem estava na fila à sua frente? A mesma senhora que Deus havia destacado para ele na entrada do supermercado. Não era coincidência - era confirmação divina de que algo importante estava prestes a se desenrolar.

Enquanto observava a cena se desenvolver, Ceulemans viu a expressão da mulher mudar gradualmente de esperança para constrangimento, e depois para resignação. Quando chegou sua vez de pagar, o valor total de suas compras ultrapassou o dinheiro que tinha disponível. A realidade era dolorosa: ela não tinha recursos suficientes para levar tudo o que havia colocado no carrinho.

Com a dignidade de quem já havia enfrentado muitas dificuldades na vida, a senhora começou a separar os itens, decidindo quais eram essenciais e quais teria que deixar para trás. Era um momento heartbreaking para qualquer observador sensível, mas para Ceulemans era muito mais que isso - era o momento que Deus havia orquestrado para uma demonstração de Seu amor e provisão.

A Voz Que Não Se Cala

Naquele momento crucial, a mesma voz que havia sussurrado no início de sua visita ao supermercado falou novamente, desta vez com mais urgência: "Não vai fazer nada?" A pergunta ecoou em seu coração como um desafio divino, um convite para ser as mãos e os pés de Deus naquela situação.

Ceulemans havia aprendido há muito tempo a não hesitar quando o Espírito Santo o direcionava para uma ação específica. Sem pensar duas vezes, ele se aproximou da funcionária do caixa e disse com simplicidade: "Pode colocar na sacola para ela levar." Eram palavras simples, mas carregadas de amor divino e compaixão genuína.

A reação foi imediata e emocionante. A senhora, que até então lutava para manter a compostura, foi tomada por uma emoção profunda. Suas palavras foram uma oração espontânea: "Obrigado Deus meu, muito obrigado!" Ela havia reconhecido instantaneamente que aquilo não era apenas bondade humana - era intervenção divina em sua hora de necessidade.

O Reconhecimento do Sagrado

A funcionária do caixa, que havia presenciado toda a cena, também foi profundamente tocada pelo que acabara de testemunhar. Com lágrimas nos olhos, ela olhou para Ceulemans e declarou: "Você é um anjo do Senhor. O mundo está precisando de pessoas igual a você."

Aquelas palavras penetraram profundamente no coração de Ceulemans, mas não como um elogio pessoal. Ao contrário, elas serviram como confirmação de que Deus estava usando sua vida para manifestar Seu amor de maneiras práticas e tangíveis. Seu coração e mente imediatamente responderam: "A glória é de Deus."

Era um momento de reconhecimento mútuo do sagrado se manifestando no cotidiano. A funcionária havia identificado corretamente a fonte daquela ação - não era bondade humana comum, mas amor divino fluindo através de um coração obediente à voz de Deus.

A Presença Palpável

O que aconteceu a seguir foi extraordinário. A glória de Deus se tornou palpável no ambiente. Era como se o céu tivesse descido ao supermercado, transformando aquele espaço comercial comum em solo sagrado. Ceulemans podia sentir fisicamente a presença divina envolvendo toda a situação.

Esse fenômeno não era novo para ele. Havia aprendido que quando agimos em obediência à direção divina, especialmente em momentos de ministério prático, a presença de Deus se manifesta de maneira especial. Era a confirmação de que havia sido usado como instrumento nas mãos do Altíssimo.

A plenitude de Deus estava em seu coração, uma sensação de completude e propósito que só vem quando estamos alinhados com a vontade divina. Não era orgulho pessoal, mas sim a profunda satisfação de saber que havia sido obediente ao chamado de Deus para aquele momento específico.

Lições do Supermercado

Aquela experiência no supermercado ensinou várias lições fundamentais sobre como Deus opera no cotidiano:

Primeira lição: Deus usa momentos ordinários para manifestações extraordinárias de Seu amor. Um simples ida ao supermercado se transformou em uma oportunidade para demonstrar a provisão divina.

Segunda lição: A sensibilidade espiritual é crucial para reconhecer as oportunidades que Deus coloca em nosso caminho. Se Ceulemans não tivesse aprendido a ouvir a voz do Espírito Santo, teria perdido completamente a chance de ser usado por Deus.

Terceira lição: A obediência imediata à direção divina é essencial. Não há espaço para hesitação ou racionalização quando Deus nos chama para agir em favor de alguém em necessidade.

Quarta lição: Quando agimos como instrumentos de Deus, Ele recebe toda a glória, e todos os envolvidos reconhecem que algo sobrenatural aconteceu.

O Impacto Multiplicado

O que aconteceu naquele supermercado não terminou com o pagamento das compras. O impacto daquele ato de obediência se multiplicou de várias maneiras:

Para a senhora beneficiada, foi uma demonstração tangível de que Deus conhece suas necessidades e tem pessoas dispostas a serem Suas mãos estendidas. Sua fé foi fortalecida e sua esperança renovada.

Para a funcionária do caixa, foi um testemunho poderoso de que ainda existem pessoas guiadas por princípios divinos, dispostas a sacrificar-se pelo bem de estranhos. Sua perspectiva sobre a bondade humana e a realidade de Deus foi impactada.

Para Ceulemans, foi mais uma confirmação de seu chamado como instrumento nas mãos de Deus, preparando-o para ministérios ainda maiores que viriam em sua jornada espiritual.

A Continuidade do Ministério

Saindo do supermercado com o coração transbordando da presença de Deus, Ceulemans estava pronto para a próxima oportunidade de ministério que o Senhor preparasse. Ele havia aprendido que quando somos obedientes em uma situação, Deus frequentemente nos apresenta a próxima oportunidade quase imediatamente.

E foi exatamente isso que aconteceu. Ainda no estacionamento do supermercado, seus olhos foram direcionados para um jovem de aproximadamente 17 anos que coletava carrinhos de compras - uma cena que o transportou instantaneamente para suas próprias experiências de juventude e humildade.

Mais uma vez, a palavra de Deus veio em seu coração, preparando-o para outro encontro divino, outra oportunidade de semear palavras que geram e transformam destinos.

"Estas são as palavras que geram e transformam destinos. O poder que vem do alto."

CAPÍTULO 4: O JOVEM DOS CARRINHOS

*"Palavras que geram e transformam destinos"(**Salmos** 77:11-12)*

O Segundo Encontro

A glória de Deus ainda pairava no ar quando Ceulemans saiu do supermercado. Seu coração transbordava da presença divina que havia se manifestado momentos antes, quando ajudou a senhora idosa a pagar suas compras. Era como se todo o seu ser estivesse vibrando em uma frequência espiritual diferente, atento e sensível aos movimentos do Espírito Santo.

Ele havia aprendido, através de suas experiências, que quando somos obedientes em uma situação, Deus frequentemente nos apresenta a próxima oportunidade quase imediatamente. A jornada espiritual não era composta de momentos isolados, mas de uma sequência contínua de encontros divinos, cada um preparando o caminho para o próximo.

E foi exatamente isso que aconteceu.

Memórias Despertadas

Ainda no estacionamento do supermercado, caminhando em direção ao seu carro, os olhos de Ceulemans foram direcionados - não por acaso, mas por orientação divina - para um jovem de aproximadamente 17 anos. O rapaz estava colhendo carrinhos de compras que os clientes haviam deixado espalhados pelo estacionamento, empurrando-os em longas filas de volta para a entrada da loja.

A cena tocou algo profundo dentro de Ceulemans. Não era apenas simpatia ou compaixão casual - era reconhecimento. Aquela imagem o transportou instantaneamente para seu próprio passado, para os dias difíceis quando ele mesmo havia feito exatamente o mesmo trabalho.

Ele se lembrou do sol escaldante nas costas, do cansaço nos braços ao empurrar dezenas de carrinhos, da humildade de um trabalho que muitos consideravam inferior. Lembrou-se da sensação de estar começando do zero, fazendo qualquer trabalho disponível, economizando cada centavo para construir algo melhor.

"Pegando carrinhos no supermercado," ele murmurou para si mesmo, as memórias inundando sua mente. "Eu fiz exatamente isso."

A Voz Familiar

Mais uma vez, como havia acontecido dentro do supermercado, a voz do Espírito Santo começou a falar em seu interior. Não era uma voz audível que outros pudessem ouvir, mas aquele sussurro característico que ele havia aprendido a reconhecer e obedecer.

"A palavra de Deus veio em mim outra vez," ele recorda.

Era uma sensação que ele conhecia bem - uma mistura de urgência e clareza, uma direção específica sem palavras específicas. Era como se Deus estivesse dizendo: "Vá até ele. Fale com ele. Eu tenho algo para você compartilhar."

Ceulemans não hesitou. Ele havia aprendido que a hesitação é o inimigo da obediência divina. Quando Deus fala, o tempo para ação é agora, não depois de pensarmos sobre isso, não depois de planejarmos o que dizer, mas agora.

Ele se aproximou do jovem, que estava concentrado em sua tarefa, empurrando uma longa fila de carrinhos entrelaçados.

O Encontro

"Com licença," Ceulemans chamou, fazendo o jovem parar e olhar para ele com uma expressão mista de curiosidade e cautela. Não era comum que clientes se aproximassem dele para conversar.

O rapaz era magro, com a aparência cansada de quem trabalhava longas horas. Suas roupas eram simples, um pouco desgastadas. Havia algo em seus olhos - uma mistura de resignação e esperança, como alguém que faz o que precisa fazer mas ainda sonha com algo mais.

"Eu só queria te dizer algo," Ceulemans começou, sentindo as palavras fluírem não de sua própria mente, mas daquela fonte mais profunda de sabedoria divina. "Eu já fiz exatamente o que você está fazendo agora."

O jovem pareceu surpreso. Olhou para Ceulemans - um homem mais velho, bem vestido, claramente em uma situação de vida diferente - e teve dificuldade em imaginar que ele já havia empurrado carrinhos em estacionamentos.

Compartilhando a História

"É verdade," Ceulemans continuou. "Quando cheguei aos Estados Unidos, comecei do zero absoluto. Não falava inglês, não conhecia ninguém, não tinha referências. Peguei qualquer trabalho que apareceu, incluindo coletar carrinhos, assim como você está fazendo agora."

Ele viu o interesse acender nos olhos do jovem. Era uma conexão instantânea - a ponte entre alguém que havia passado por algo e alguém que estava passando por isso agora.

"Comecei a falar de onde Deus me tirou e colocou," Ceulemans relembra. "Em poucas palavras, mas palavras abençoadas foram lançadas para aquele jovem."

Ele falou sobre as manhãs frias empurrando carrinhos, sobre economizar cada dólar, sobre sonhar com algo melhor enquanto fazia um trabalho que muitos consideravam humilhante. Mas também falou sobre como aquele trabalho havia ensinado disciplina, humildade, e respeito pelo trabalho árduo.

"Este trabalho que você está fazendo," Ceulemans disse, "não define quem você é. Define apenas onde você está agora. E onde você está agora é apenas o começo da sua história, não o final."

A Palavra Profética

Então, algo extraordinário aconteceu. As palavras que saíam da boca de Ceulemans começaram a carregar um peso diferente, uma autoridade que não vinha dele mesmo. Era o Espírito Santo falando através dele, liberando palavras proféticas sobre o futuro daquele jovem.

"Deus tem um plano para sua vida," ele disse, e ao falar, sentiu a unção dessas palavras. "Você não vai ficar aqui para sempre. Este é seu treinamento, sua preparação. Deus está moldando seu caráter através deste trabalho."

O jovem havia parado completamente de trabalhar agora. Os carrinhos estavam esquecidos. Ele estava totalmente focado em cada palavra que Ceulemans dizia, como alguém sedento bebendo água.

"Você tem um propósito específico," Ceulemans continuou. "Deus plantou sonhos em seu coração - não ignore esses sonhos. Este trabalho é honesto e digno, mas não é seu destino final. Continue trabalhando duro aqui, mas também prepare-se para o que Deus tem planejado para você."

Lágrimas de Esperança

Lágrimas começaram a correr pelo rosto do jovem. Não eram lágrimas de tristeza, mas de algo mais profundo - reconhecimento, esperança renovada, um senso de que alguém via seu valor real além do trabalho que fazia.

"Como você sabia?" o jovem perguntou, sua voz tremendo. "Como você sabia que eu estava prestes a desistir? Que eu estava me sentindo preso, sem futuro?"

Ceulemans sorriu gentilmente. "Eu não sabia. Mas Deus sabia. Foi Ele quem me enviou para falar com você hoje."

O jovem enxugou as lágrimas com as costas da mão. "Eu acordo todo dia pensando se vale a pena continuar. Meus amigos zombam do meu trabalho. Meus pais estão decepcionados. Eu mesmo estava começando a acreditar que isso era tudo que eu conseguiria na vida."

"Isso é mentira," Ceulemans disse firmemente. "Essas são vozes que tentam destruir seu destino antes que ele se manifeste. Mas hoje, Deus quer que você saiba a verdade: você tem valor, você tem propósito, e você tem um futuro."

A Semente Plantada

Eles conversaram por mais alguns minutos. Ceulemans compartilhou mais detalhes de sua própria jornada - os desafios, os momentos de dúvida, mas também as vitórias e como cada passo difícil havia preparado para o próximo nível.

"Mantenha sua integridade," Ceulemans aconselhou. "Faça este trabalho com excelência, mesmo que ninguém esteja olhando. Deus está olhando. Ele está vendo seu coração, sua fidelidade nas pequenas coisas. E quando você for fiel nas pequenas coisas, Ele confiará coisas maiores a você."

Antes de partir, Ceulemans colocou a mão no ombro do jovem. "Lembre-se do que falamos hoje. Quando as coisas ficarem difíceis, quando as vozes negativas tentarem convencê-lo a desistir, lembre-se: Deus tem um plano. Você não está aqui por acidente. Você está em treinamento."

O Impacto das Palavras

Ao caminhar de volta para seu carro, Ceulemans refletiu sobre o que havia acabado de acontecer. "Percebi quem estava falando. Não era eu. Era Deus falando através de mim."

Esta era uma das lições mais profundas que ele havia aprendido em sua jornada espiritual: quando nos tornamos vasos disponíveis, Deus pode usá-nos para falar vida e esperança aos corações que precisam ouvir exatamente o que temos para compartilhar.

"Estas são as palavras que geram e transformam destinos," ele pensou. Não eram palavras elaboradas ou discursos preparados. Eram palavras simples, mas carregadas com autoridade divina e amor genuíno. Eram palavras que encontravam o solo fértil de um coração desesperado por esperança.

O jovem no estacionamento havia recebido muito mais que uma conversa encorajadora. Ele havia recebido uma palavra profética, uma declaração divina sobre seu valor e futuro que poderia sustentar através dos dias difíceis à frente.

Lições do Estacionamento

Aquele encontro no estacionamento ensinou várias lições importantes:

Primeira: Deus usa nosso passado para ministrar ao presente de outros. Cada experiência difícil que passamos pode se tornar uma ponte de empatia e credibilidade quando ajudamos outros passando pela mesma coisa.

Segunda: Nunca subestime o poder de palavras proféticas faladas no momento certo. Uma conversa de cinco minutos pode mudar a trajetória de uma vida inteira.

Terceira: Obediência aos sussurros do Espírito Santo requer prontidão. Ceulemans poderia ter ignorado a impressão, racionalizado que estava ocupado, ou assumido que outra pessoa falaria com o jovem. Mas ele obedeceu imediatamente.

Quarta: Devemos estar sempre prontos para ser usados por Deus. O ministério não acontece apenas em ambientes formais como igrejas. Acontece em estacionamentos, supermercados, ruas - onde quer que pessoas precisadas e servos obedientes se encontrem.

O Poder das Palavras

Aquela noite, ao chegar em casa, Ceulemans orou pelo jovem do estacionamento. Ele não sabia seu nome, não tinha como acompanhar seu progresso, mas confiava que as sementes plantadas dariam fruto no tempo de Deus.

Ele pensou em como palavras têm poder criativo. As palavras de sua avó haviam moldado sua própria vida. As palavras que ele compartilhou naquele dia poderiam estar moldando o futuro daquele jovem.

"Palavras que geram e transformam destinos," ele murmurou novamente, grato por ter sido usado como instrumento divino mais uma vez.

E em algum lugar naquela noite, um jovem de 17 anos dormiu com esperança renovada, sonhando não apenas com coletar carrinhos, mas com o destino que Deus havia prometido através de um estranho obediente em um estacionamento.

"O poder que vem do alto - palavras que geram e transformam destinos."

CAPÍTULO 5: CURA ATRAVÉS DA FÉ

"Coloque o pé que Deus vai colocando a estrada"(***Mateus*** *11:5*)

A Viagem dos Sonhos

Viajar com a família para a Disney. Era um sonho que Ceulemans carregava há anos - poder proporcionar à sua esposa e filho aquela experiência mágica que ele mesmo nunca havia tido na infância. Quando finalmente tiveram condições financeiras, ele e sua esposa decidiram realizar esse sonho, convidando também uma família de amigos para compartilhar a aventura.

"Eu e minha família, minha esposa, e uma família de amigos resolvemos conhecer a Disney," ele relembra com um sorriso. "Um sonho em conhecer a Disney."

Era mais do que apenas diversão. Era um marco, um testemunho tangível de como Deus havia prosperado sua vida desde aqueles dias difíceis empurrando carrinhos de supermercado e se perdendo nas estradas de Boston. Agora, anos depois, ele podia dar à sua família memórias que durariam para sempre.

A Impressão Divina

Na manhã da viagem ao parque, enquanto se preparavam para sair, Ceulemans sentiu aquela impressão familiar - o sussurro suave do Espírito Santo que ele havia aprendido a reconhecer e obedecer ao longo dos anos.

Ele olhou para sua Bíblia sobre a mesa. O dia prometia ser quente, e carregar uma Bíblia para um parque de diversões parecia impratico. Mas a impressão persistia.

"Amor, hoje está muito quente," ele disse à esposa. "Você acha que eu deveria levar a Bíblia?"

Sua esposa, que havia aprendido a confiar nas impressões espirituais do marido, respondeu sem hesitar: "O que o Senhor está dizendo ao seu coração? Se Ele está te falando para levar, leve."

Ceulemans assentiu. "Então eu peguei a Bíblia, coloquei na mochila, e fomos."

O Pressentimento

Desde o momento em que entraram no parque, Ceulemans sentiu algo diferente. Não era ansiedade ou medo - era aquela sensibilidade espiritual aguçada que ele reconhecia dos momentos em que Deus estava prestes a usá-lo para algo importante.

"Mas logo no início, logo na entrada do parque, eu me encontrava calado, parecendo que algo iria acontecer," ele recorda.

Enquanto a família ria e se maravilhava com as atrações, enquanto seu filho puxava sua mão animadamente para ver os brinquedos, uma parte de Ceulemans permanecia em alerta espiritual. Não de uma forma que roubasse sua alegria, mas de uma forma que o mantinha sintonizado com o Espírito Santo.

O Momento Crítico

Depois de visitar algumas atrações, seu filho pediu para ir ao banheiro. Sua esposa, que conhecia melhor o parque, mostrou onde ficava.

"Ficamos esperando. Ele estava demorando muito," Ceulemans lembra. "Eu disse para ela: 'Fica aqui que eu vou ver o que está acontecendo.'"

Ele começou a caminhar em direção ao banheiro, mas antes mesmo de chegar lá, deparou-se com uma cena que fez seu coração apertar: uma família em completo desespero.

No chão, deitada sobre o concreto quente do parque, estava uma menina de aproximadamente 11 anos. Seus pais - um homem de cerca de 45 anos e uma mulher de uns 39 - estavam ajoelhados ao seu lado, gritando por ajuda, suas vozes quebrando em pânico.

"O pai com uma idade por volta de 45 anos e a mãe uns 39 e uma menina, filha deles, 11 anos," Ceulemans descreve. "E os dois desesperados gritando e chorando, e eu cheguei perto."

A Voz do Espírito

Instantaneamente, o Espírito Santo começou a falar com Ceulemans. Não eram palavras audíveis, mas aquela comunicação divina clara e inconfundível que ele conhecia tão bem.

"Voltei sem saber o que fazer, e eu comecei a falar com o Espírito Santo e Ele começou a ministrar em minha mente com Sua voz."

A mensagem era clara: "Faça algo."

Mas fazer o quê? Havia milhares de pessoas transitando pelo parque. Ajuda profissional certamente estava a caminho. E ali estava ele, no meio de uma multidão, sendo chamado para agir em uma situação de emergência médica.

"O que? A minha palavra?" Ceulemans questionou internamente. "Mas eu estava como se fosse um medo ou insegurança."

Era compreensível. Estavam em um lugar público, cercados por estranhos, lidando com uma criança inconsciente. Havia o medo do constrangimento, da rejeição, de fazer algo errado. Mas mais forte que o medo era a certeza da direção divina.

A Obediência

"Eu me lembro da palavra liberada," ele relembra, referindo-se àquelas promessas proféticas que sua avó havia falado sobre sua vida - que ele seria usado por Deus de maneiras extraordinárias.

Com mãos tremendo ligeiramente, Ceulemans tirou a Bíblia de sua mochila. Agora ele entendia por que Deus havia insistido que ele a trouxesse.

"E eu tirei a Bíblia da minha mochila e comecei a orar sem cessar o que o Espírito Santo ministrava em mim."

Ele se ajoelhou ao lado da família desesperada. Os pais olharam para ele com olhos cheios de lágrimas e pânico, mas também com um lampejo de esperança - qualquer ajuda era bem-vinda naquele momento terrível.

Ceulemans começou a orar em voz alta, não orações memorizadas ou formais, mas palavras que fluíam diretamente do Espírito Santo através dele. Ele impôs suas mãos sobre a menina, sentindo a autoridade divina que não vinha de si mesmo, mas do poder que vem do alto.

A Multidão e o Milagre

Ao redor deles, uma multidão começou a se formar. Milhares de pessoas transitavam pelo parque, e muitas pararam para ver o que estava acontecendo. Alguns tiravam telefones para chamar ajuda, outros apenas observavam em silêncio.

"E as pessoas começaram a glorificar o nome do Senhor naquele lugar," Ceulemans testemunha.

Algo sobrenatural estava acontecendo. A atmosfera mudou. Não era apenas um homem orando - era a presença manifesta de Deus descendo sobre aquela situação desesperadora.

Ceulemans continuou orando, declarando vida sobre a menina, invocando o nome de Jesus, exercendo a autoridade espiritual que lhe havia sido dada. Os minutos pareciam eternos, mas ele não parava.

A Recuperação

"Então algo extraordinário aconteceu," ele relembra com reverência na voz. "Depois de alguns minutos, chegaram os policiais e a menina. Jesus a curou. Ela já se havia recuperado."

A menina que estava inconsciente, imóvel no chão, começou a se mexer. Seus olhos se abriram. A cor voltou ao seu rosto. Ela olhou ao redor, confusa sobre o que havia acontecido, mas claramente consciente e recuperada.

Quando os paramédicos e policiais chegaram, encontraram não uma emergência médica em andamento, mas uma cena de celebração e adoração. A menina estava sentada, alerta, conversando com seus pais que a abraçavam com lágrimas de alívio e gratidão.

"Eu exaltei o nome do Senhor, o poder da palavra liberada, com um propósito divino," Ceulemans diz.

As Testemunhas

Os policiais e bombeiros que chegaram à cena viram algo que não podiam explicar em termos médicos convencionais. Uma criança que minutos antes estava inconsciente agora estava completamente recuperada, sem necessidade de hospitalização ou intervenção médica.

"E a minha esposa estava preocupada porque ela via que eu estava com a Bíblia para o alto levantada," Ceulemans lembra. Sua esposa, vendo de longe, havia reconhecido o que estava acontecendo - seu marido estava sendo usado por Deus de uma maneira poderosa e pública.

"E ao mesmo tempo ela preocupada com o nosso filho," ele continua. "Mas a voz do Senhor ficou em primeiro plano."

Este era um princípio importante: quando Deus chama, Ele se torna prioridade. Mesmo as preocupações legítimas com o próprio filho tiveram que esperar enquanto Ceulemans obedecia ao chamado de ministrar àquela família em crise.

O Testemunho dos Pais

Os pais da menina olharam para Ceulemans com uma gratidão que transcendia palavras. Seus olhos, antes cheios de pânico e desespero, agora brilhavam com lágrimas de alegria e reconhecimento espiritual.

"Os pais daquela menina se ajoelharam e começaram a agradecer a Jesus," ele testemunha. "Eu disse: 'Jesus quer que a sua família seja Dele.'"

Era o momento perfeito para evangelização. Os corações estavam abertos, as defesas estavam baixas. Eles haviam acabado de testemunhar um milagre, e estavam prontos para ouvir sobre o Deus que realiza milagres.

"'Hoje é uma oportunidade que Ele está dando a vocês,'" Ceulemans disse aos pais. Não era pressão ou manipulação - era um convite genuíno no momento mais receptivo possível.

A Lição Profunda

Aquele dia na Disney ensinou várias lições fundamentais sobre fé, obediência e o poder de Deus:

Primeira: A importância de obedecer impressões espirituais, mesmo quando parecem impráticas. Levar a Bíblia para um parque de diversões em um dia quente parecia desnecessário, mas era preparação divina para o que estava por vir.

Segunda: Deus nos coloca em posição antes da necessidade surgir. Ceulemans não procurou aquela situação - ele estava simplesmente indo ao banheiro. Mas Deus orquestrou seus passos para estar no lugar certo no momento certo.

Terceira: Superar o medo e a insegurança para obedecer a Deus. Era assustador agir publicamente, arriscar o constrangimento, mas a obediência superou o medo.

Quarta: "Isso nos mostra a sensibilidade de ouvir e discernir a voz de Deus," Ceulemans reflete. Não basta que Deus fale - precisamos estar sintonizados para ouvir e prontos para obedecer.

O Impacto Duradouro

Aquele dia na Disney tornou-se mais que uma lembrança familiar feliz. Tornou-se um testemunho poderoso do poder de Deus operando através de vasos obedientes. A história seria contada e recontada, fortalecendo a fé de todos que a ouvissem.

Para a família da menina, foi o dia em que Deus demonstrou Seu amor de forma tangível e poderosa. Para as testemunhas no parque, foi evidência de que o sobrenatural ainda acontece. Para os policiais e bombeiros, foi um lembrete de que há coisas além da explicação natural.

E para Ceulemans, foi mais uma confirmação de seu chamado e propósito - ser um instrumento através do qual o poder de Deus se manifesta para trazer cura, esperança e salvação.

"Cura através da fé - o poder que vem do alto."

CAPÍTULO 6: O CASAMENTO RESTAURADO

*"Deus deseja restaurar o que está quebrado"(**Tiago** 5:16)*

O Telefonema Desesperado

Era uma tarde chuvosa quando o telefone de Ceulemans tocou. Do outro lado da linha, uma voz feminina tremida pelo choro mal conseguia formar frases coerentes.

"Por favor," a mulher suplicava entre soluços. "Disseram que você poderia nos ajudar. Nosso casamento está acabando. Eu não sei mais o que fazer."

Ceulemans reconheceu aquele tom - era o desespero de alguém que havia tentado tudo e chegado ao fim de seus próprios recursos. Ele havia aprendido que esses eram os momentos em que Deus mais gostava de intervir, quando os seres humanos finalmente reconheciam que precisavam de ajuda além de si mesmos.

"Conte-me o que está acontecendo," ele disse calmamente, já começando a orar silenciosamente para que o Espírito Santo lhe desse sabedoria.

A História de Marcela e Roberto

Marcela e Roberto estavam casados há doze anos. O que começou como um romance apaixonado havia se transformado em uma convivência fria e distante. Eles mal se falavam, dormiam em quartos separados, e a única coisa que ainda os mantinha sob o mesmo teto eram os dois filhos pequenos.

"Ele não me ama mais," Marcela chorava ao telefone. "Passa todo o tempo no trabalho, e quando está em casa, está no telefone ou assistindo televisão. Já não conversamos há meses. Eu me sinto invisível."

Ceulemans ouviu atentamente, mas enquanto ela falava, o Espírito Santo começou a sussurrar algo diferente em seu coração. Havia mais na história do que apenas um marido distante e uma esposa negligenciada.

"Vocês podem vir me ver?" Ceulemans perguntou. "Eu gostaria de conversar com os dois juntos."

Houve hesitação. "Não sei se ele virá. Ele não acredita em Deus, e acha que terapia de casal é perda de tempo."

"Diga a ele que não é terapia," Ceulemans respondeu. "É apenas uma conversa. Se ele ama seus filhos, ele deveria pelo menos tentar, não é?"

O Encontro

Três dias depois, Marcela e Roberto estavam sentados na sala de Ceulemans. A tensão entre eles era palpável - sentavam-se em extremidades opostas do sofá, evitando olhar um para o outro. Roberto tinha os braços cruzados, a postura defensiva de alguém que estava ali contra sua vontade.

Ceulemans abriu a conversa com uma oração simples, pedindo sabedoria e clareza. Roberto revirou os olhos, mas não protestou.

"Antes de conversarmos sobre os problemas," Ceulemans começou, "eu gostaria que cada um me contasse sobre quando se conheceram. Como era no início?"

Foi Marcela quem falou primeiro, e ao falar dos primeiros dias de namoro, algo mudou em sua expressão. Seus olhos brilharam com a lembrança da alegria que havia sentido.

Roberto, apesar de sua resistência inicial, não pôde evitar um pequeno sorriso quando ela mencionou o primeiro encontro desastroso onde ele derramou café em si mesmo tentando impressioná-la.

"Você lembra disso?" Marcela perguntou, surpreendida, olhando para ele pela primeira vez desde que chegaram.

"Claro que lembro," Roberto murmurou. "Foi o dia mais constrangedor da minha vida."

Por um momento, a tensão diminuiu. Mas logo voltou quando Ceulemans perguntou: "Então o que mudou?"

A Revelação

Enquanto eles falavam, culpando um ao outro, listando ofensas e mágoas acumuladas ao longo dos anos, Ceulemans orava silenciosamente. E então, de repente, o Espírito Santo lhe mostrou algo que não estava sendo dito.

"Roberto," Ceulemans interrompeu suavemente, "você está com medo de algo, não está?"

Roberto parou no meio da frase, sua expressão endureceu. "Do que você está falando?"

"Você não é distante porque não ama sua esposa," Ceulemans continuou, as palavras fluindo não de sua própria sabedoria, mas de revelação divina. "Você é distante porque tem medo de perdê-la. Assim como você perdeu sua mãe."

O silêncio que se seguiu foi ensurdecedor. Marcela olhou para o marido com os olhos arregalados. Roberto ficou pálido.

"Como você...?" Roberto começou, mas sua voz falhou.

"Sua mãe morreu quando você era adolescente," Ceulemans disse gentilmente. "E você jurou nunca mais se apegar a alguém daquela forma, para nunca mais sentir aquela dor. Então você se afasta emocionalmente, mantendo distância, pensando que está se protegendo."

Lágrimas começaram a correr pelo rosto de Roberto - o primeiro sinal de emoção real que ele havia mostrado. "Eu não... eu não percebi que estava fazendo isso."

A Ferida Raiz

Ceulemans se virou para Marcela. "E você, Marcela. Você não está apenas triste porque seu marido é distante. Você está furiosa."

Marcela piscou, surpreendida pela precisão da observação. "Eu tenho direito de estar furiosa. Ele me ignora completamente."

"Sim, mas sua raiva vem de um lugar mais profundo," Ceulemans continuou. "Vem de quando seu pai abandonou sua família quando você tinha oito anos. Você prometeu a si mesma que nunca deixaria um homem fazer você se sentir sem valor novamente. Então quando Roberto se afasta, não é apenas sobre ele - é como se seu pai estivesse rejeitando você outra vez."

Marcela cobriu o rosto com as mãos, soluçando. "Como você sabe essas coisas? Eu nunca contei isso a ninguém."

"Eu não sei," Ceulemans respondeu honestamente. "Mas Deus sabe. E Ele quer que vocês vejam que estão lutando contra feridas do passado, não um contra o outro."

A Compreensão

Pela primeira vez em anos, Roberto e Marcela realmente se olharam. Não com raiva ou ressentimento, mas com compreensão e compaixão.

"Eu não sabia," Roberto disse, sua voz rouca de emoção. "Eu não sabia que estava fazendo você se sentir como seu pai fez. Eu... eu só estava com tanto medo."

"E eu não sabia que você estava com medo," Marcela respondeu, estendendo a mão hesitantemente em direção ao marido. "Eu achei que você simplesmente não se importava mais."

"Vocês veem?" Ceulemans disse suavemente. "O inimigo de vocês não é um ao outro. O inimigo são essas feridas não curadas do passado que estão controlando como vocês reagem no presente."

Ele abriu sua Bíblia. "Deus não quer apenas consertar seu casamento. Ele quer curar as feridas que estão destruindo seu casamento."

O Processo de Cura

Nas semanas que se seguiram, Ceulemans encontrou-se regularmente com Roberto e Marcela. Cada sessão envolvia oração, conversas honestas, e trabalhar através das camadas de dor e proteção que ambos haviam construído.

Para Roberto, significou aprender a reconhecer seus padrões de evitação e escolher conscientemente se conectar, mesmo quando o medo surgia. Significou chorar pela mãe que nunca havia permitido a si mesmo lamentar adequadamente.

Para Marcela, significou perdoar não apenas Roberto, mas também seu pai. Significou quebrar a crença de que ela era sem valor e abraçar sua identidade como filha amada de Deus.

"O perdão não significa que o que aconteceu estava certo," Ceulemans explicou. "Significa que você está escolhendo não deixar a dor do passado destruir seu futuro."

Foi um processo difícil. Houve momentos em que quiseram desistir, quando as velhas feridas eram tocadas e a reação instintiva era recuar ou atacar. Mas cada vez, eles escolhiam ficar, trabalhar através da dor, e confiar no processo.

A Transformação

Três meses depois, Roberto e Marcela voltaram para uma visita. Mas desta vez, eles entraram de mãos dadas. A tensão havia desaparecido, substituída por uma conexão visível.

"Nós queríamos agradecer," Marcela disse, seus olhos brilhando - mas desta vez com alegria, não lágrimas de dor. "Você salvou nosso casamento."

"Não fui eu," Ceulemans corrigiu gentilmente. "Foi Deus. Ele simplesmente me usou para mostrar a vocês o que precisavam ver."

Roberto, o homem que havia vindo pela primeira vez com resistência e ceticismo, falou: "Eu nunca acreditei em Deus. Mas o que aconteceu aqui... não há explicação natural para como você sabia essas coisas sobre nosso passado. E não há explicação para a paz que sinto agora."

"Deus estava esperando por você reconhecer sua necessidade Dele," Ceulemans sorriu. "Ele usou a crise em seu casamento para trazer você para Ele."

"Agora eu entendo," Roberto disse. "Não era apenas sobre salvar nosso casamento. Era sobre nos encontrar - encontrar a Deus, encontrar cura, encontrar nosso verdadeiro eu."

A Lição Maior

Aquela experiência ensinou várias lições profundas sobre relacionamentos e restauração:

Primeira: Os problemas visíveis em um relacionamento geralmente são sintomas de feridas invisíveis mais profundas. Tratar apenas os sintomas nunca traz cura duradoura.

Segunda: Deus pode revelar coisas escondidas que nenhuma terapia convencional descobriria. Ele vê não apenas as ações, mas os corações e as raízes das feridas.

Terceira: A restauração real requer enfrentar a dor, não evitá-la. É no processo de reconhecer e trabalhar através das feridas que a cura acontece.

Quarta: Deus frequentemente usa crises para nos levar ao ponto onde finalmente buscamos Ele. O que parece ser um final pode ser na verdade um novo começo.

O Testemunho Vivo

Meses depois, Ceulemans encontrou Roberto e Marcela em um evento da igreja - sim, igreja. O homem que não acreditava em Deus agora estava sentado na segunda fileira, Bíblia na mão, aprendendo avidamente.

"Nossos filhos estão diferentes também," Marcela compartilhou. "Eles sentem a mudança em nossa casa. Não há mais tensão, não há mais brigas. Há paz."

"E isso," Ceulemans pensou enquanto os via partir, "é o poder da restauração divina. Não apenas conserta o que está quebrado - transforma em algo mais forte do que era antes."

O casamento que estava a dias de terminar em divórcio agora era um testemunho vivo do poder de Deus para restaurar, redimir e renovar. Era prova de que nada está quebrado demais para Deus consertar.

"Deus não apenas conserta - Ele restaura e transforma."

CAPÍTULO 7: DIREÇÃO NA CARREIRA

"Deus tem planos específicos para o trabalho de cada pessoa"
(**Provérbios** *3:5-6)*

A Mulher no Café

Ceulemans estava sentado em um café local, revisando algumas anotações, quando notou uma mulher em uma mesa próxima. Ela estava cercada por papéis, o laptop aberto, mas suas mãos cobriam o rosto em um gesto de exaustão completa.

Ele tentou voltar ao seu trabalho, mas a impressão familiar do Espírito Santo começou a crescer. "Vá falar com ela," o sussurro interno era claro.

Ceulemans hesitou. Ela era uma estranha em um espaço público. Mas ele havia aprendido a reconhecer quando Deus estava direcionando seus passos.

"Com licença," ele disse suavemente, aproximando-se. "Desculpe incomodar, mas... você está bem?"

A mulher levantou o rosto, revelando olhos vermelhos de choro. Por um momento, ela pareceu considerar dispensá-lo educadamente. Mas então, como se uma represa se rompesse, ela começou a falar.

"Não," ela admitiu. "Eu não estou bem."

A História de Patrícia

Seu nome era Patrícia, 34 anos, formada em engenharia com mestrado em administração. No papel, ela era bem-sucedida - gerente sênior em uma grande empresa de tecnologia, salário de seis dígitos, escritório com vista.

"Mas eu acordo toda manhã com um peso no peito," ela confessou. "Vou trabalhar e sinto que estou morrendo por dentro, lentamente. Cada reunião, cada relatório, cada dia é uma tortura."

Ceulemans ouviu enquanto ela despejava anos de frustração. Ela havia seguido o caminho "certo" - as melhores escolas, os melhores empregos, a progressão na carreira que todos invejavam. Mas em algum lugar ao longo do caminho, ela havia perdido completamente a si mesma.

"Meus pais estão orgulhosos. Meus amigos acham que tenho a vida perfeita. Mas eu me sinto vazia," ela disse. "E o pior é que não sei o que eu realmente quero fazer. Só sei que não é isto."

A Pergunta Divina

Enquanto Patrícia falava, Ceulemans orava silenciosamente. E então, o Espírito Santo lhe deu uma pergunta específica para fazer.

"Patrícia, o que você amava fazer quando era criança? Antes de alguém lhe dizer o que você deveria ser?"

Ela piscou, surpresa pela pergunta. "Eu... eu não sei. Faz tanto tempo..."

"Pense," Ceulemans encorajou. "Que tipo de criança você era? O que fazia você perder a noção do tempo?"

Lentamente, memórias começaram a surgir. "Eu desenhava," ela disse, quase com vergonha. "Passava horas desenhando. Criava histórias, personagens, mundos inteiros. Meus cadernos da escola eram cheios de desenhos nas margens."

"E o que aconteceu com isso?"

"Meus pais disseram que arte não era uma carreira real," ela respondeu, a dor antiga visível em sua voz. "Que eu precisava ser prática, estudar algo que desse dinheiro. Então parei de desenhar."

A Revelação

"Você não parou de desenhar," Ceulemans corrigiu gentilmente. "Você enterrou uma parte de si mesma. E agora essa parte está sufocando, e você sente isso como esse peso no peito."

Lágrimas começaram a correr pelo rosto de Patrícia. "Mas eu não posso simplesmente largar tudo e me tornar uma artista. Tenho contas a pagar, responsabilidades. Seria irresponsável."

"Ninguém está dizendo para você largar tudo amanhã," Ceulemans disse. "Mas você precisa entender algo importante: Deus te deu aqueles talentos e paixões por uma razão. Quando você os ignora completamente, você está rejeitando parte do propósito Dele para sua vida."

Ele continuou: "Você está vivendo o sonho de outra pessoa - provavelmente o sonho de seus pais para você. Mas não é o seu sonho, e definitivamente não é o que Deus planejou."

A Orientação Específica

Enquanto eles conversavam, o Espírito Santo começou a dar a Ceulemans insights específicos sobre o caminho de Patrícia.

"Você tem habilidades únicas," ele disse. "Você entende de tecnologia e negócios, mas também tem criatividade artística. Isso não é comum. Você já considerou design de experiência do usuário? Design de produto? Áreas onde arte e tecnologia se encontram?"

Os olhos de Patrícia se arregalaram. "Eu... nunca pensei nisso dessa forma."

"Deus não desperdiça nada," Ceulemans explicou. "Todos esses anos em tecnologia não foram um erro. Eles foram preparação. Mas você precisa integrar todas as partes de quem você é, não apenas a parte que seus pais aprovaram."

Ele sentiu o Espírito Santo dirigindo suas próximas palavras. "Nos próximos três meses, você vai receber uma oferta. Vai parecer assustadora porque será diferente do que você conhece. Mas será o começo do caminho certo."

O Processo de Descoberta

Patrícia começou a se encontrar com Ceulemans regularmente. Cada encontro envolvia oração, conversas honestas sobre seus medos e sonhos, e passos práticos para redescobrir sua criatividade.

Ela começou a desenhar novamente, primeiro apenas para si mesma. Era estranho e desconfortável no início - como usar um músculo que não era exercitado há anos. Mas lentamente, algo dentro dela começou a despertar.

"É como respirar novamente," ela disse em um de seus encontros. "Eu não percebi o quanto estava sufocada até começar a desenhar de novo."

Mas ainda havia medo. "E se eu falhar? E se eu não for boa o suficiente? E se meus pais estiverem certos que arte não é uma carreira real?"

"Você está fazendo as perguntas erradas," Ceulemans respondeu. "A pergunta certa não é 'E se eu falhar?' É 'E se eu morrer sem nunca ter tentado?' Que tipo de vida é essa?"

A Oferta

Exatamente dois meses e meio depois, Patrícia recebeu uma mensagem no LinkedIn. Uma startup de tecnologia estava procurando alguém para liderar seu departamento de design - alguém que entendesse tanto de tecnologia quanto de criatividade.

"É metade do meu salário atual," ela disse a Ceulemans, sua voz tremendo entre medo e excitação. "Mas seria trabalho criativo real. Design, direção artística, construir experiências para usuários."

"E o que seu coração está dizendo?" Ceulemans perguntou.

"Meu coração está dizendo sim. Mas minha cabeça está gritando sobre segurança financeira e o que as pessoas vão pensar."

"Lembra do que eu disse sobre uma oferta em três meses?"

Patrícia assentiu, seus olhos se arregalando. "Você disse... você disse exatamente três meses. Como você sabia?"

"Eu não sabia," Ceulemans sorriu. "Mas Deus sabia. Ele estava preparando isso para você antes mesmo de você pedir."

A Decisão

A decisão não foi fácil. Os pais de Patrícia ficaram horrorizados quando ela lhes contou. "Você vai jogar fora sua carreira por um capricho?" sua mãe chorou. "Toda aquela educação, desperdiçada!"

Amigos questionaram sua sanidade. "Você está tendo uma crise de meia-idade," alguns disseram. "Não faça nada precipitado."

Mas toda noite, quando Patrícia orava, sentia a mesma paz sobre a decisão. E se lembrava das palavras de Ceulemans: "Quando você está alinhada com o propósito de Deus, há paz, mesmo quando há medo."

Ela aceitou a oferta.

A Transformação

Seis meses depois, Patrícia voltou para visitar Ceulemans. Mas ela era uma pessoa diferente - literalmente radiante, com uma energia e vida que não existiam antes.

"Eu acordei hoje animada para trabalhar," ela disse, rindo. "Você consegue acreditar? Pela primeira vez em anos, eu realmente quis ir trabalhar."

O salário menor havia exigido ajustes. Ela havia se mudado para um apartamento menor, cortado gastos desnecessários. Mas a troca valia cada centavo.

"Meu trabalho não é apenas um emprego agora," ela explicou. "É expressão. É propósito. Cada projeto é uma oportunidade de criar algo que faz diferença na vida das pessoas."

E havia mais. "A empresa está crescendo rapidamente. Meu chefe insinuou que, se continuarmos neste ritmo, eles vão me promover a diretora criativa no próximo ano. Com um salário que vai superar o que eu ganhava no emprego anterior."

"Mas mesmo que isso não aconteça," ela acrescentou rapidamente, "eu não voltaria. Porque pela primeira vez, eu sou verdadeiramente eu mesma."

O Testemunho Inesperado

O mais surpreendente foi o impacto em sua família. Seus pais, que inicialmente ficaram horrorizados, começaram a ver a mudança nela.

"Minha mãe me ligou na semana passada," Patrícia compartilhou. "Ela chorou e pediu desculpas por ter me forçado a enterrar minha criatividade. Disse que vê agora como eu estava morrendo por dentro no outro emprego."

Até seus colegas do trabalho anterior notaram. "Alguns me procuraram," ela disse. "Disseram que minha mudança os inspirou a questionar se estão nos caminhos certos. Uma colega acabou de se inscrever para aulas de fotografia à noite."

A Lição Profunda

Aquela experiência ensinou várias verdades importantes sobre chamado e propósito:

Primeira: Sucesso aos olhos do mundo não significa alinhamento com o propósito de Deus. Você pode estar no topo de uma escada encostada na parede errada.

Segunda: Deus não desperdiça nossas experiências. Mesmo os desvios podem ser parte da preparação para onde Ele está nos levando.

Terceira: Nunca é tarde demais para realinhar sua vida com seu verdadeiro chamado. A questão não é quanto tempo você passou no caminho errado, mas quanto tempo você vai continuar nele.

Quarta: Quando você segue o propósito de Deus, Ele providencia. A provisão pode não vir da forma que esperamos, mas ela vem.

O Efeito Dominó

Um ano depois, Patrícia não estava apenas prosperando em sua carreira - ela estava ajudando outros a encontrarem os seus caminhos também.

Ela começou um grupo de mentoria para profissionais criativos, especialmente aqueles transitando de carreiras corporativas tradicionais. "Eu quero ser para eles o que você foi para mim," ela disse a Ceulemans.

E o ciclo continuava. Cada pessoa que Patrícia ajudava se tornava uma fonte de luz para outros, criando ondas de transformação que se espalhavam muito além do encontro original em um café.

"Vê?" Ceulemans pensou, observando tudo se desenrolar. "Quando uma pessoa encontra seu verdadeiro propósito, isso nunca é apenas sobre ela. É sobre todas as vidas que ela vai tocar quando finalmente se tornar quem foi criada para ser."

"Seu trabalho é adoração quando está alinhado com seu propósito divino."

CAPÍTULO 8: LIBERTAÇÃO DE VÍCIOS

*"Ninguém está além do poder redentor de Deus"(**João** 8:32)*

A Ligação da Madrugada

O telefone tocou às três da manhã. Ceulemans acordou imediatamente, seu coração já acelerado antes mesmo de atender. Ligações nesse horário raramente traziam boas notícias.

"Alô?" sua voz estava rouca de sono.

"Ceulemans?" Era uma voz masculina, tremendo, desesperada. "Você se lembra de mim? Sou Carlos. Você ajudou minha irmã há alguns meses..."

"Carlos, sim, me lembro. O que aconteceu?"

"Eu preciso de ajuda." A voz quebrou. "Eu... eu não aguento mais. Se eu não conseguir ajuda agora, eu vou morrer. Eu sei disso."

Ceulemans estava completamente acordado agora. "Onde você está?"

"Em um motel. Acabei de usar de novo e... algo dentro de mim quebrou. Eu liguei para você porque não tinha mais ninguém."

"Me dê o endereço," Ceulemans disse, já se levantando. "Eu estou indo."

O Encontro

Trinta minutos depois, Ceulemans bateu na porta do quarto de motel barato. Carlos abriu, e o que Ceulemans viu o chocou. O homem à sua frente estava irreconhecível - magro demais, olhos fundos, tremendo visivelmente.

Carlos tinha 28 anos, mas parecia ter 50. Seus braços mostravam marcas de injeções. O quarto cheirava a álcool e desespero.

"Obrigado por vir," Carlos disse, desabando em uma cadeira. "Eu sei que são três da manhã. Eu só... eu não sabia quem mais chamar."

"Conte-me sua história," Ceulemans disse gentilmente, sentando-se.

A Descida

Carlos havia começado com bebida aos 15 anos, apenas para se encaixar com os amigos. Depois veio maconha, depois drogas mais pesadas. Aos 20, estava viciado em heroína.

"Eu perdi tudo," ele disse, as palavras saindo em um fluxo desesperado. "Perdi meu emprego, minha noiva me deixou, minha família não fala mais comigo. Minha mãe chora toda vez que me vê. Meu pai disse que não tenho mais um filho."

Ele havia tentado parar várias vezes. Reabilitação, terapia, grupos de apoio. "Mas sempre volto," ele confessou. "É como se algo me puxasse de volta. Não importa o quão forte eu seja, não importa quanto eu queira parar, sempre volto."

"Hoje foi a gota d'água," Carlos continuou, lágrimas correndo livremente agora. "Eu roubei dinheiro da minha irmã - a única pessoa que ainda fala comigo. Ela tem dois filhos pequenos, e eu roubei o dinheiro do aluguel dela. Que tipo de pessoa faz isso?"

A Revelação Espiritual

Enquanto Carlos falava, Ceulemans não via apenas um viciado. Ele via algo mais profundo - amarras espirituais, cadeias invisíveis que mantinham Carlos preso além da dependência química.

"Carlos," Ceulemans disse suavemente, "você sabe que isso não é apenas sobre drogas, certo?"

Carlos olhou para ele confuso. "Do que você está falando?"

"Você está tentando preencher um vazio dentro de você. E cada vez que usa, esse vazio só fica maior."

"Claro que há um vazio," Carlos disse amargamente. "É isso que os viciados fazem - tentamos preencher o vazio."

"Mas de onde vem esse vazio?" Ceulemans perguntou. "Quando começou?"

Carlos ficou em silêncio por um longo momento. Então, em voz baixa: "Quando meu irmão mais velho morreu. Eu tinha 14 anos. Ele tinha 16. Foi um acidente de carro. Ele era meu herói, meu melhor amigo."

"E você nunca processou essa perda," Ceulemans disse. "Então você começou a usar para não sentir a dor."

"É mais que isso," Ceulemans continuou, as palavras vindo de revelação divina. "Você carrega culpa. Você acha que deveria ter sido você no acidente, não ele."

Carlos ficou pálido. "Como você...? Eu nunca disse isso a ninguém. Mas sim. Meu irmão era o bom. Inteligente, atlético, amado por todos. Eu era o problemático. Deveria ter sido eu."

A Batalha Espiritual

"O inimigo tem usado essa culpa para destruir você," Ceulemans explicou. "Você está se punindo há 14 anos. A cada vez que usa, é um pouco mais de autopunição. Você não acha que merece estar limpo, então sempre encontra uma desculpa para voltar."

"Mas também há algo mais," Ceulemans disse. "Há amarras espirituais aqui. Você abriu portas através das drogas, e entidades encontraram um lugar para habitar."

Isso soava estranho para Carlos, mas de alguma forma ressoava como verdade. "O que eu faço?"

"Primeiro, você precisa perdoar a si mesmo," Ceulemans disse. "A morte do seu irmão não foi sua culpa. Não foi sua escolha. E ele não gostaria de ver você se destruindo em memória dele."

Então Ceulemans abriu sua Bíblia. "Segundo, precisamos quebrar essas cadeias espirituais. Você está disposto a entregar sua vida a Jesus Cristo?"

Carlos hesitou. "Eu não sei se acredito em Deus. E se acredito, tenho certeza que Ele não quer nada comigo depois de tudo que fiz."

"Esse é exatamente o pensamento que está mantendo você preso," Ceulemans disse. "A verdade é que Deus nunca parou de querer você. Não importa quão longe você foi, Ele está esperando você voltar."

A Oração de Libertação

Nas horas que se seguiram, Ceulemans orou por Carlos. Não eram orações gentis e confortáveis - eram orações de guerra espiritual, confrontando as forças que mantinham Carlos cativo.

"Em nome de Jesus," Ceulemans declarou, "eu quebro as cadeias de vício que prendem Carlos. Eu expulso todo espírito de escravidão, culpa e autodestruição. Carlos é livre!"

Carlos começou a chorar - não lágrimas suaves, mas soluços profundos e convulsivos que vinham de um lugar além do físico. Era como se algo estivesse sendo arrancado dele, camadas de dor e escuridão sendo removidas.

"Perdoe a si mesmo," Ceulemans o encorajou. "Diga em voz alta: 'Eu me perdoo pela morte do meu irmão, que não foi minha culpa.'"

No início, Carlos não conseguia. As palavras ficavam presas em sua garganta. Mas finalmente, em um sussurro quebrado: "Eu me perdoo. Não foi minha culpa."

"Mais alto," Ceulemans insistiu.

"EU ME PERDOO!" Carlos gritou, anos de culpa finalmente se quebrando. "NÃO FOI MINHA CULPA!"

O Amanhecer

Quando o sol nasceu, algo havia mudado. Carlos ainda tremia da abstinência física, ainda parecia exausto. Mas havia algo diferente em seus olhos - um lampejo de esperança onde antes havia apenas desespero.

"O que aconteceu?" Carlos perguntou, confuso. "Eu sinto... leveza. Como se um peso que eu carregava há anos simplesmente desapareceu."

"Você foi libertado," Ceulemans disse simplesmente. "Espiritualmente, as cadeias foram quebradas. Mas agora vem a parte difícil - o processo físico e emocional de recuperação."

Ceulemans ajudou Carlos a entrar em um programa de reabilitação cristão. "A batalha espiritual foi vencida," ele explicou, "mas você ainda precisa de suporte prático. Recuperação é uma jornada, não um evento único."

O Processo

Os primeiros meses foram brutalmente difíceis. A abstinência física era agonizante. Havia momentos em que Carlos queria desistir, quando as vozes antigas sussurravam que seria mais fácil apenas usar mais uma vez.

Mas algo era diferente desta vez. Onde antes ele sempre acabava cedendo, agora ele tinha força para resistir. A culpa esmagadora que sempre o puxava de volta estava realmente quebrada.

"Eu ainda tenho desejos," ele admitiu a Ceulemans durante uma visita. "Mas não tenho a compulsão. Antes, era como se algo me controlasse. Agora, eu tenho escolha real."

Ele começou a participar de reuniões de recuperação, a reconstruir pontes com sua família. Sua mãe chorou quando ele apareceu na porta dela, três meses sóbrio, pedindo perdão.

"Eu tenho meu filho de volta," ela disse, abraçando-o como se nunca fosse soltá-lo.

A Restauração

Um ano depois, Carlos estava irreconhecível - mas desta vez de uma forma boa. Ele havia ganhado peso saudável, seus olhos brilhavam com vida, sua pele não tinha mais aquela aparência cinzenta da morte.

Ele havia conseguido um emprego, começado a pagar sua irmã de volta, e estava reconstruindo sua vida passo a passo. Mas mais importante, ele havia encontrado propósito.

"Eu comecei a voluntariar no centro de reabilitação," ele disse a Ceulemans. "Ajudando outros viciados. Porque eu sei o que é estar naquele lugar escuro sem esperança."

Ele pausou, emoção em sua voz. "E eu posso dizer a eles o que você me disse - que não importa quão longe tenham ido, não importa o que tenham feito, não estão além do alcance de Deus."

O Testemunho Vivo

Carlos tornou-se uma evidência viva do poder de Deus para libertar. Pessoas que o conheciam antes mal podiam acreditar na transformação.

"Eu estava morto," ele testemunhava frequentemente. "Não apenas morrendo - eu estava morto por dentro. E Deus me ressuscitou. Não há outra explicação."

Ele eventualmente retornou à escola, estudou para se tornar conselheiro de vícios. "Eu quero passar minha vida ajudando outros a encontrarem a libertação que encontrei," ele disse.

E sua família? Sua mãe dizia que havia recebido dois milagres em sua vida - o nascimento de Carlos e seu renascimento.

A Lição Profunda

A história de Carlos ensinou verdades importantes sobre vício e libertação:

Primeira: Vício raramente é apenas sobre a substância. Há feridas emocionais e espirituais mais profundas que precisam ser curadas.

Segunda: Batalhas espirituais requerem soluções espirituais. Terapia e suporte são importantes, mas alguns casos precisam de intervenção espiritual direta.

Terceira: Ninguém está longe demais. Não importa quão profundo alguém tenha caído, Deus pode alcançá-los e restaurá-los.

Quarta: Libertação é tanto instantânea quanto processual. O momento de quebra espiritual pode acontecer em uma noite, mas a recuperação total é uma jornada que requer tempo e suporte contínuo.

O Efeito Cascata

Anos depois, Carlos liderava seu próprio ministério de recuperação. Dezenas de pessoas haviam encontrado libertação através de seu testemunho e ajuda.

"Aquela ligação às três da manhã," ele frequentemente dizia, "foi o momento em que escolhi vida ao invés de morte. E Ceulemans respondeu. Ele poderia ter ignorado o telefone. Mas ele veio. E isso fez toda a diferença."

E a cada pessoa que Carlos ajudava a encontrar libertação, o impacto daquela noite em um motel barato continuava a se multiplicar - prova de que a redenção de Deus não tem limites e Seu poder para restaurar não conhece fronteiras.

"Das profundezas do vício à luz da liberdade - o poder redentor de Deus."

CAPÍTULO 9: PROTEÇÃO DIVINA

*"A mão protetora de Deus sobre Seu povo"(**Psalms** 91:7)*

O Aviso Noturno

Ceulemans acordou subitamente às 2h30 da manhã. Não foi um barulho que o acordou, nem um pesadelo. Foi algo mais profundo - uma urgência espiritual que o tirou do sono instantaneamente.

Ele conhecia essa sensação. Era o Espírito Santo despertando-o para orar.

Sentando na cama, ele começou a orar, mas não sabia exatamente pelo quê. Apenas sentia uma impressão forte sobre seu vizinho, Miguel - um homem que ele mal conhecia, que apenas acenava educadamente quando se cruzavam.

"Senhor, o que está acontecendo?" Ceulemans orou. "Por que estou pensando em Miguel?"

A resposta veio não em palavras, mas em urgência crescente. Algo estava errado. Algo estava prestes a acontecer.

A Impressão Urgente

Ceulemans levantou e foi até a janela. Tudo parecia normal na rua silenciosa. A casa de Miguel estava escura, aparentemente todos dormindo.

Mas a impressão não diminuía. Ao contrário, ficava mais forte. "Vá até lá," o sussurro interno era claro. "Agora."

Ceulemans hesitou. Era quase três da manhã. Ele mal conhecia Miguel. O que diria? "Desculpe incomodá-lo no meio da noite, mas Deus me disse para vir aqui"? Soaria absurdo.

Mas ele havia aprendido a não questionar essas impressões. Vestiu-se rapidamente e atravessou a rua.

A Descoberta

Quando chegou à porta de Miguel, algo o fez não bater imediatamente. Em vez disso, ele caminhou ao redor da casa. E foi então que viu - uma luz fraca vinda do porão, visível através de uma pequena janela.

Aproximando-se, Ceulemans sentiu um cheiro estranho. Gás.

Seu coração disparou. Sem pensar, correu até a porta da frente e começou a bater com força. "MIGUEL! MIGUEL! ACORDE!"

Demorou quase um minuto - que pareceu uma eternidade - até que luzes se acenderam dentro da casa. Miguel apareceu na porta, confuso e irritado.

" Oh meu Deus...? São três da manhã!"

"Você tem vazamento de gás," Ceulemans disse rapidamente. "Eu posso sentir daqui. Você precisa sair da casa agora e chamar o corpo de bombeiros."

A Situação Crítica

Miguel estava prestes a argumentar quando ele mesmo sentiu o cheiro. Sua expressão mudou instantaneamente de irritação para alarme.

"Minha esposa. Meus filhos," ele disse, virando-se rapidamente. "TODOS, SAIAM DA CASA AGORA!"

Nos minutos seguintes foi caos controlado. Miguel acordou sua esposa e três filhos, todos saindo rapidamente da casa. Os vizinhos começaram a acordar com a comoção. Alguém chamou o corpo de bombeiros.

Quando os bombeiros chegaram e inspecionaram, sua expressão era grave. "Vocês tiveram muita sorte," o capitão disse. "O aquecedor no porão teve um mau funcionamento. A concentração de gás estava próxima de níveis explosivos. Se alguém tivesse acendido uma luz ou usado o fogão pela manhã..."

Ele não precisou completar a frase. Todos entenderam. A família inteira poderia ter morrido - seja pela explosão ou por envenenamento por monóxido de carbono durante o sono.

A Pergunta

Depois que os bombeiros resolveram a situação e declararam a casa segura, Miguel se aproximou de Ceulemans. O sol estava começando a nascer.

"Como você sabia?" ele perguntou. "Como você sabia que havia um vazamento? Você não pode ter sentido o cheiro da sua casa do outro lado da rua."

Ceulemans sorriu gentilmente. "Eu não sabia. Mas Deus sabia. Ele me acordou e me disse para vir verificar sua casa."

Miguel olhou para ele com ceticismo. "Você está dizendo que Deus te acordou no meio da noite para salvar minha família?"

"Sim," Ceulemans respondeu simplesmente. "Exatamente isso."

A Resistência e a Revelação

Miguel era um homem de negócios prático, que não tinha tempo para religião. "Eu não acredito em Deus," ele disse francamente. "Deve ter sido coincidência. Ou talvez você tenha ouvido o aquecedor fazendo barulho."

"Miguel," Ceulemans disse pacientemente, "você realmente acha que foi coincidência eu acordar exatamente naquele momento, sentir urgência especificamente sobre você, e vir verificar sua casa em uma hora tão específica?"

A esposa de Miguel, Ana, que estava ouvindo a conversa, tinha lágrimas nos olhos. "Não foi coincidência," ela disse suavemente. "Foi um milagre."

Ela se virou para o marido. "Miguel, nossos filhos poderiam ter morrido esta noite. Todos nós poderíamos ter morrido. E este homem, que mal conhecemos, foi despertado por algo para nos salvar. Como você pode chamar isso de coincidência?"

A Conversa

Nos dias seguintes, Miguel não conseguia parar de pensar no incidente. Ele era um homem lógico, que sempre tinha explicações racionais para tudo. Mas isso... isso desafiava sua lógica.

Uma semana depois, ele bateu na porta de Ceulemans.

"Você tem alguns minutos para conversar?" Miguel perguntou, visivelmente desconfortável.

Eles se sentaram no quintal de Ceulemans. Miguel estava inquieto, lutando para encontrar palavras.

"Eu não consigo parar de pensar naquela noite," ele finalmente disse. "Eu tentei encontrar explicações racionais. Que talvez você tenha insônia e estava acordado de qualquer forma. Que talvez você tenha ouvido algo. Mas nada faz sentido."

Ele pausou. "A verdade é que você não tinha razão natural para estar na minha casa naquela hora. E se você não tivesse vindo..."

Sua voz quebrou. "Meus filhos. Eles têm 6, 8 e 10 anos. Eles poderiam ter morrido."

A Explicação

"Deus ama sua família," Ceulemans disse gentilmente. "Mesmo que você não acredite Nele, Ele acredita em você. Ele tem planos para você, para Ana, para seus filhos."

"Por que Ele salvaria alguém que nem acredita Nele?" Miguel perguntou.

"Porque o amor de Deus não é condicional," Ceulemans explicou. "Ele não espera que você O mereça. Ele simplesmente ama. E naquela noite, Ele escolheu usar um vizinho obediente para proteger sua família."

Miguel ficou em silêncio por um longo momento. "E se você não tivesse obedecido? E se você tivesse decidido que era tarde demais ou estranho demais?"

"Mas eu obedeci," Ceulemans respondeu. "E essa é a beleza da parceria entre Deus e pessoas dispostas. Ele nos dirige, nós obedecemos, e milagres acontecem."

A Transformação

Aquela conversa foi o início de uma transformação em Miguel. Ele começou a fazer perguntas - sobre Deus, sobre fé, sobre propósito e significado.

"Eu sempre achei que fé era para pessoas fracas," ele admitiu. "Pessoas que precisavam de muletas emocionais. Mas você não é fraco. Você acordou no meio da noite, atravessou a rua baseado apenas em uma impressão, arriscou parecer louco. Isso não é fraqueza."

"Fé não é fraqueza," Ceulemans concordou. "É força para obedecer mesmo quando não faz sentido lógico. É confiança de que há uma sabedoria maior que a nossa."

Miguel começou a visitar a igreja com Ceulemans. Ana, que sempre havia sido crente mas praticante silenciosa para não conflitar com o marido, ficou radiante.

"Eu orei por 15 anos para que meu marido conhecesse a Deus," ela disse a Ceulemans, chorando de gratidão. "E Deus usou um vazamento de gás para responder minha oração."

O Impacto na Família

A mudança em Miguel impactou toda a família. Seus filhos, que nunca haviam tido educação religiosa, começaram a fazer perguntas sobre Deus.

"Papai," sua filha de 8 anos perguntou, "o senhor Ceulemans disse que Deus o acordou para nos salvar. Deus realmente faz isso?"

Miguel, que meses antes teria dito que eram apenas histórias, agora respondeu: "Sim, minha querida. Deus faz isso. E Ele fez isso por nós."

A família começou a ter orações antes das refeições, algo que Ana sempre havia desejado mas nunca insistira. Miguel lia histórias bíblicas para as crianças antes de dormir, ainda tropeçando nas palavras, ainda aprendendo, mas tentando.

A Proteção Contínua

Três meses após o incidente, Miguel voltou a visitar Ceulemans com uma história extraordinária.

"Você não vai acreditar no que aconteceu," ele disse, ainda processando. "Eu estava dirigindo na rodovia ontem. Chovendo forte, visibilidade ruim. De repente, tive uma impressão fortíssima - 'Mude de pista. Agora.'"

"E você obedeceu?" Ceulemans perguntou, já sabendo a resposta.

"Sim. Não fazia sentido - a pista ao lado estava mais lenta. Mas depois daquela noite com o gás, eu aprendi a ouvir essas impressões. Então mudei de pista."

"Cinco segundos depois, um caminhão perdeu o controle e bateu exatamente onde eu estava. Se eu ainda estivesse naquela pista..." Ele não precisou completar.

"Você está aprendendo a ouvir a voz de Deus," Ceulemans sorriu. "Ele não parou de proteger você naquela noite. Ele continua."

A Lição Profunda

A história de Miguel ensinou várias verdades sobre proteção divina:

Primeira: Deus protege tanto crentes quanto não-crentes. Sua misericórdia não depende de nossa fé, embora nossa fé nos ajude a reconhecer Sua mão.

Segunda: Deus frequentemente trabalha através de pessoas obedientes. Os milagres acontecem quando alguém está disposto a parecer tolo aos olhos do mundo para obedecer à voz de Deus.

Terceira: Momentos de proteção divina podem ser pontos de virada espiritual. O que começa como salvamento físico pode levar a salvamento espiritual.

Quarta: Aprender a ouvir a voz de Deus pode literalmente salvar vidas - a nossa e de outros.

O Testemunho Multiplicado

Miguel se tornou um testemunho ambulante do poder protetor de Deus. Em sua empresa, ele compartilhava a história com colegas. Em festas de família, ele contava como Deus havia salvado sua família.

"Eu costumava zombar de pessoas religiosas," ele dizia abertamente. "Achava que eram ignorantes ou ingênuas. Mas agora eu sei - há um Deus que se importa o suficiente para acordar um vizinho às três da manhã para salvar uma família de céticos."

Sua história impactou dezenas de pessoas que também se consideravam "céticas demais" ou "inteligentes demais" para fé. Se Deus pôde alcançar Miguel - o pragmático, o cético, o homem de negócios que só acreditava no que podia ver e medir - talvez Ele pudesse alcançar qualquer um.

A Gratidão Perpétua

Anos depois, toda vez que Miguel via Ceulemans, sua gratidão era palpável.

"Você salvou minha família," ele sempre dizia.

E Ceulemans sempre corrigia: "Não fui eu. Foi Deus. Eu apenas obedeci."

"Sim," Miguel concordava. "Mas você obedeceu. E sua obediência salvou cinco vidas naquela noite. Como posso alguma vez agradecer o suficiente?"

"Viva uma vida que honre aquele que o salvou," Ceulemans respondeu. "Essa é a melhor gratidão."

E Miguel fazia exatamente isso - cada dia era vivido com consciência de que havia sido dado a ele como presente, não garantia. Cada momento com seus filhos era precioso porque ele sabia quão perto havia chegado de perdê-los para sempre.

"A proteção de Deus é real, presente e pessoal."

CAPÍTULO 10: O FILHO PERDIDO

*"Deus deseja unidade e reconciliação familiar"(**Lucas** 24:52)*

A Mãe Quebrantada

Dona Teresa entrou no pequeno escritório onde Ceulemans atendia pessoas para aconselhamento espiritual. Ela tinha aproximadamente 65 anos, cabelos grisalhos, e olhos que carregavam o peso de anos de dor não resolvida.

"Eu não sei por onde começar," ela disse, sua voz tremendo. "Faz tanto tempo que nem sei se há esperança."

Ceulemans indicou a cadeira confortável. "Comece do começo. Deus nos deu todo o tempo que precisamos."

Teresa respirou fundo. "Meu filho. Faz quinze anos que não falo com ele. Quinze anos desde que ele saiu de casa e disse que nunca queria me ver novamente."

As lágrimas começaram a cair. "Eu nem sei onde ele mora. Se está vivo. Se é feliz. Eu perdi quinze anos da vida do meu filho."

A História Antiga

A história era dolorosa e complicada, como tantas histórias familiares são. Teresa havia sido mãe solteira, criando Daniel sozinha depois que o pai deles os abandonou quando o menino tinha apenas três anos.

"Eu trabalhava três empregos para dar a ele tudo que precisava," ela explicou. "Escola particular, roupas boas, comida na mesa. Eu me sacrifiquei por ele."

Mas Daniel, crescendo sem pai e com uma mãe sempre ausente por causa do trabalho, desenvolveu ressentimento. Na adolescência, tornou-se rebelde. Brigavam constantemente.

"A última briga foi terrível," Teresa lembrava, a dor ainda fresca após quinze anos. "Ele tinha 22 anos. Queria largar a faculdade para seguir uma banda de música. Eu disse que ele estava jogando sua vida fora, que eu não havia trabalhado tanto para vê-lo desperdiçar oportunidades."

"Ele me disse que eu nunca estive presente de verdade, que tudo que eu me importava era aparências e sucesso. Disse que eu era controladora e que ele me odiava." Sua voz quebrou. "Então ele pegou suas coisas e saiu. E nunca mais voltou."

A Tentativa Falhada

"Eu tentei contatá-lo no início," Teresa continuou. "Ligava, mandava mensagens. Ele bloqueou meu número. Fui à casa dele, ele não abriu a porta. Depois de alguns meses, ele se mudou e não deixou endereço novo."

"Eventualmente, parei de tentar. Achei que se ele me queria fora da vida dele, eu deveria respeitar isso. Mas não passa um dia sem que eu pense nele. Sem que me pergunte onde foi que errei."

Enquanto ela falava, Ceulemans orava silenciosamente. E o Espírito Santo começou a revelar coisas que Teresa não havia dito.

"Teresa," ele disse gentilmente, "você não está me contando tudo. Há algo mais na história da última briga, não é?"

Ela ficou pálida. "Como você...?"

"Diga-me o que realmente aconteceu," Ceulemans encorajou.

A Verdade Oculta

Teresa chorou mais forte agora, anos de culpa finalmente encontrando voz. "Quando ele disse que me odiava, eu... eu disse que às vezes desejava nunca ter tido um filho. Que minha vida teria sido mais fácil sem ele."

Ela cobriu o rosto com as mãos. "Eu não quis dizer isso. Estava com raiva, magoada. Mas as palavras saíram. E eu vi algo morrer nos olhos dele naquele momento."

"Ele disse 'finalmente a verdade' e saiu. E eu nunca tive chance de dizer que não era verdade, que eu falei por raiva, que ele é a coisa mais importante da minha vida."

"Essa culpa te consome há quinze anos," Ceulemans disse. Não era uma pergunta.

"Cada dia," ela sussurrou. "Como uma mãe diz isso a seu filho? Que tipo de monstro eu sou?"

A Revelação Divina

"Teresa," Ceulemans disse, sentindo o Espírito Santo guiando suas palavras, "seu filho está vivo e morando a apenas duas horas daqui."

Ela olhou para ele com os olhos arregalados. "Como você pode saber isso?"

"Ele também carrega dor," Ceulemans continuou. "Ele se casou há cinco anos. Tem uma filha de três anos. E toda vez que olha para ela, pensa em você. Ele quer reconciliação tanto quanto você, mas tem medo de ser rejeitado."

"Como você sabe essas coisas?" Teresa perguntou, entre esperança e descrença.

"Deus me mostrou," Ceulemans respondeu simplesmente. "E mais - ele vai estar em um café específico daqui a três dias, na quarta-feira, ao meio-dia. Um café chamado 'Café Aurora' no centro da cidade."

Teresa estava tremendo. "Eu deveria ir? E se ele não quiser me ver? E se ele me odiar ainda?"

A Preparação

Nos três dias seguintes, Ceulemans se encontrou com Teresa diariamente, preparando-a para o encontro.

"Você precisa estar pronta para pedir perdão sem expectativas," ele explicou. "Não vá esperando que ele perdoe imediatamente. Vá preparada para simplesmente dizer sua verdade e deixar o resto com Deus."

Eles praticaram o que ela diria. Oraram pela abertura do coração de Daniel. Trabalharam através da culpa de Teresa, ajudando-a a aceitar que, embora tenha cometido um erro terrível, ela não era definida por aquele momento.

"Deus pode restaurar o que o inimigo roubou," Ceulemans a encorajou. "Quinze anos perdidos não podem ser recuperados, mas o futuro ainda pode ser redimido."

O Encontro

Na quarta-feira ao meio-dia, Teresa entrou no Café Aurora com o coração batendo tão forte que ela achava que todos podiam ouvir. E lá, sentado em uma mesa próxima à janela, estava Daniel.

Ele estava mais velho, claro. Não era mais o jovem de 22 anos que havia saído batendo a porta. Ele tinha 37 agora, algumas rugas ao redor dos olhos, mas ainda reconhecível como o menino que ela havia criado.

Quando ele a viu, congelou. Seu rosto passou por uma série de expressões - choque, raiva, dor, confusão.

Teresa aproximou-se lentamente. "Daniel," ela disse, sua voz mal mais que um sussurro. "Por favor, não vá embora. Eu só preciso de cinco minutos."

Ele não respondeu, mas também não se levantou para sair. Ela tomou isso como permissão para sentar.

As Palavras Há Muito Necessárias

"Eu ensaiei isso mil vezes nos últimos três dias," Teresa começou, lágrimas já correndo. "Mas agora que você está aqui, tudo que posso dizer é: me perdoe."

"Aquelas palavras que eu disse naquele dia - que desejava nunca ter tido um filho - foram a maior mentira que já contei. E a pior coisa que já fiz foi deixar você acreditar nelas."

"Você é o melhor presente que já recebi," ela continuou. "Cada sacrifício que fiz, fiz com alegria porque era por você. Eu errei em muitas coisas. Trabalhei demais, estive ausente demais, fui controladora demais. Mas nunca, nem por um segundo, deixei de amá-lo mais que minha própria vida."

Daniel estava imóvel, os olhos brilhando com lágrimas não derramadas.

"Eu não espero que me perdoe," Teresa disse. "Eu não mereço perdão. Mas precisava que você soubesse a verdade. E se você me permitir, gostaria de conhecer minha neta. Não para interferir, não para controlar. Apenas para estar presente da forma que não consegui ser para você."

A Resposta

O silêncio que se seguiu pareceu durar uma eternidade. Então, Daniel falou, sua voz rouca de emoção.

"Como você sabia que eu estaria aqui?" ele perguntou.

"Um homem chamado Ceulemans me disse," Teresa respondeu. "Ele disse que Deus mostrou a ele onde você estaria."

Daniel ficou pálido. "Ceulemans? Cabelo escuro, talvez uns 45 anos?"

"Sim, você o conhece?"

"Ele veio até mim há uma semana," Daniel disse, ainda processando. "Parou no estacionamento onde eu estava e começou a falar comigo. Disse que minha mãe me amava e que eu precisava perdoá-la. Disse que haveria uma oportunidade de reconciliação."

"Eu pensei que ele fosse louco," Daniel admitiu. "Mas havia algo na forma como ele falava... E então ele me disse que estaria neste café hoje, neste horário exato."

"Ele preparou nós dois," Teresa percebeu, maravilhada.

A Quebra

"Mãe," Daniel disse, e ouvir aquela palavra novamente após quinze anos quebrou algo em Teresa. "Eu também preciso pedir perdão. Eu fui cruel. Disse coisas horríveis. E quando você tentou se reconciliar nos primeiros meses, eu rejeitei cada tentativa. Meu orgulho não me deixou perdoar."

"Eu me casei, tive uma filha, e descobri que ser pai é a coisa mais difícil e mais importante do mundo. E finalmente entendi o quanto você se sacrificou por mim. Quantos erros eu provavelmente cometerei também."

"Cada aniversário, cada Natal, eu queria ligar," ele confessou. "Mas tinha vergonha. Havia passado tanto tempo. Como eu poderia simplesmente voltar?"

Eles choraram juntos, anos de dor finalmente encontrando liberação. Outros clientes no café discretamente desviaram o olhar, dando-lhes privacidade em seu momento.

A Restauração

Naquela tarde, Daniel levou Teresa para conhecer sua neta, Sofia. A menina de três anos olhou para a estranha com curiosidade.

"Sofia," Daniel disse, ajoelhando-se ao lado da filha, "esta é sua avó. A mãe do papai."

"Eu tenho uma avó?" os olhos de Sofia se arregalaram.

"Você sempre teve," Daniel disse, olhando para sua mãe. "Nós apenas não a víamos há muito tempo. Mas agora ela está aqui."

Sofia, com a simplicidade das crianças, simplesmente estendeu os braços. "Oi, vovó!"

E quando Teresa pegou sua neta nos braços pela primeira vez, ela sentiu quinze anos de dor serem substituídos por esperança. O passado não podia ser mudado, mas o futuro estava aberto e brilhante.

O Processo de Cura

A reconciliação não foi instantânea e perfeita. Havia momentos desconfortáveis, velhas feridas que ainda doíam, padrões que precisavam ser quebrados.

Teresa teve que aprender a não ser controladora, a oferecer opinião apenas quando pedida, a confiar nas escolhas de Daniel como pai. Daniel teve que trabalhar através de ressentimentos antigos que ocasionalmente ressurgiam.

Mas eles perseveraram. Jantares em família começaram como mensais, depois se tornaram semanais. Sofia encheu suas vidas com alegria e riso, sendo a ponte que conectava passado e futuro.

"Crianças são presentes de Deus em muitas formas," Teresa disse a Ceulemans meses depois. "Sofia não apenas me deu uma segunda chance de ser avó. Ela me deu uma segunda chance com meu filho."

A Lição Maior

A história de Teresa e Daniel ensinou verdades profundas sobre família e perdão:

Primeira: Nunca é tarde demais para reconciliação. Quinze anos é muito tempo, mas não é tarde demais quando Deus está envolvido.

Segunda: Orgulho e vergonha mantêm famílias separadas. Ambos os lados queriam reconciliação mas medo impediu o primeiro passo.

Terceira: Deus pode orquestrar encontros que parecem impossíveis. O timing divino colocou mãe e filho no mesmo lugar no momento certo.

Quarta: Perdão é um processo, não um evento único. A reconciliação real requer trabalho contínuo e escolhas diárias de graça.

O Testemunho Vivo

Quando perguntavam como a reconciliação aconteceu, Teresa e Daniel sempre contavam sobre Ceulemans - o homem que Deus usou para juntar uma família quebrada.

"Ele foi a nós separadamente," Daniel explicava. "Preparou nossos corações. E então nos colocou no mesmo lugar no tempo certo."

"Foi como se Deus dissesse 'basta de separação'," Teresa acrescentava. "E enviou Seu mensageiro para nos trazer de volta juntos."

Anos depois, quando Sofia tinha dez anos e perguntou sobre por que não conhecia a avó quando era bebê, Daniel contou a história completa - os erros, a separação, o orgulho, e finalmente a reconciliação.

"E essa," ele concluiu, "é por que nunca deixamos o sol se pôr sobre nossa ira. Por que sempre pedimos desculpas quando erramos. Porque aprendemos da forma difícil quanto tempo pode ser perdido por orgulho."

"Família restaurada - o desejo do coração de Deus."

CAPÍTULO 11: PROSPERIDADE COM PROPÓSITO

*"Deus prospera Seu povo para propósitos maiores"(**Gênesis** 1:28)*

A Família em Crise

Lucia bateu na porta do escritório de Ceulemans com hesitação. Ela estava envergonhada de estar ali, de ter que pedir ajuda. Mas as opções haviam acabado.

"Eu não sei se você pode me ajudar," ela disse, mal conseguindo fazer contato visual. "Meu problema não é espiritual. É financeiro."

"Entre," Ceulemans disse gentilmente. "Vamos conversar."

Lucia tinha 42 anos, mãe de dois filhos adolescentes. Seu marido havia falecido dois anos antes de ataque cardíaco súbito, deixando-a sozinha com uma montanha de dívidas médicas e sem seguro de vida suficiente.

"Estou três meses atrasada no aluguel," ela confessou, as palavras saindo com dificuldade. "O senhorio vai nos despejar na próxima semana. Tenho dois empregos, mas não é suficiente. As contas médicas... elas nunca param de chegar."

Ela pausou, limpando lágrimas. "Meus filhos não merecem isso. Eles já perderam o pai. Agora vão perder a casa também."

A Pergunta Inesperada

Ceulemans ouviu a história completa - as dívidas, os empregos que mal cobriam o básico, as escolhas impossíveis entre comida e medicamentos.

Então ele fez uma pergunta que a pegou de surpresa. "Lucia, quando foi a última vez que você deu algo a alguém?"

Ela piscou, confusa. "O que você quer dizer? Eu não tenho nada para dar. Estou literalmente prestes a ser despejada."

"Eu entendo," Ceulemans disse. "Mas responda a pergunta. Quando foi a última vez que você deu qualquer coisa - tempo, dinheiro, ajuda - a alguém em necessidade?"

Lucia pensou. "Não sei. Faz anos, acho. Antes do meu marido morrer. Agora eu sou a que precisa de ajuda, não a que ajuda."

"E é exatamente aí que está o problema," Ceulemans disse gentilmente.

O Princípio Invertido

"O que você está prestes a me dizer vai parecer loucura," Ceulemans continuou. "Mas tem funcionado para milhares de anos, e vai funcionar para você também."

Ele abriu sua Bíblia. "O princípio da semeadura e colheita. Você não pode colher o que não planta. E quando você está em escassez, a última coisa que seu instinto diz é dar. Mas isso é exatamente o que Deus pede que você faça."

"Você quer que eu dê dinheiro que não tenho?" Lucia perguntou, incrédula.

"Eu quero que você dê algo - o que você puder. Não porque isso magicamente resolverá seus problemas, mas porque muda sua mentalidade de escassez para confiança. Diz a Deus 'eu confio que Você proverá.'"

Lucia estava cética. "Isso soa como aqueles pregadores de televisão que só querem dinheiro."

"Não estou pedindo que você me dê nada," Ceulemans esclareceu. "Estou dizendo para você encontrar alguém em necessidade e ajudar - mesmo que seja algo pequeno. E observe o que Deus faz."

O Primeiro Passo

Lucia saiu desconfortável com a conversa. Como ela poderia dar quando estava prestes a perder tudo? Mas algo nas palavras de Ceulemans ficou com ela.

Alguns dias depois, no supermercado comprando o mínimo com seus últimos vinte dólares, ela viu uma mulher idosa contando moedas no caixa, claramente sem dinheiro suficiente para suas compras.

A voz em sua cabeça disse: "Você precisa desse dinheiro. Você tem filhos para alimentar." Mas uma voz mais suave sussurrou: "Confie em Mim."

Antes que pudesse pensar demais, Lucia se aproximou. "Deixe-me cobrir isso," ela disse, sua mão tremendo enquanto entregava dez dólares - metade do que tinha.

A senhora olhou para ela com lágrimas. "Deus te abençoe, filha."

Lucia caminhou para fora do mercado sentindo-se estranha - parte dela em pânico por ter dado metade de seu dinheiro, parte dela em paz de uma forma que não entendia.

A Mudança Inesperada

Dois dias depois, Lucia recebeu uma ligação de um número desconhecido.

"Sra. Lucia Martinez?" a voz era profissional. "Aqui é do escritório de advocacia Thompson & Associates. Estamos tentando localizá-la há meses."

Seu coração afundou. Mais dívidas? Mais problemas?

"Seu falecido marido tinha uma apólice de seguro de vida através de um emprego anterior que não estava listada em seus documentos principais. Acabamos de localizá-la através de nosso processo de auditoria. O valor é de $150,000."

Lucia teve que sentar. "O quê? Isso não é possível."

"É sim, senhora. O processo levará algumas semanas, mas o dinheiro é legalmente seu."

A Reação

Lucia correu para a casa de Ceulemans, quase sem conseguir respirar. "Você não vai acreditar no que aconteceu!"

Ela contou sobre a ligação, sobre o seguro perdido que ninguém sabia que existia, sobre como isto pagaria todas as dívidas e ainda sobraria.

"Foi por causa dos dez dólares?" ela perguntou. "Dar aqueles dez dólares fez isso acontecer?"

"Não exatamente," Ceulemans explicou. "Aquele seguro sempre existiu. Mas seu ato de dar, de confiar apesar da escassez, abriu seus olhos espirituais para ver a provisão de Deus. E Deus escolheu aquele momento para revelar o que já estava lá."

"Mas há algo importante," ele continuou seriamente. "Este dinheiro não é apenas para você. É para um propósito."

O Propósito Maior

Nas semanas seguintes, enquanto o processo de seguro avançava, Ceulemans se encontrou regularmente com Lucia, ensinando-a sobre mordomia financeira.

"Deus não te deu esse dinheiro apenas para te salvar," ele explicou. "Ele te deu para que você possa ser uma bênção para outros."

Juntos, eles criaram um plano. Pagar todas as dívidas primeiro. Estabelecer um fundo de emergência. E então, usar uma porção significativa para ajudar outros.

"Mas eu preciso desse dinheiro," Lucia argumentou. "Meus filhos precisam ir para a faculdade."

"E eles irão," Ceulemans assegurou. "Mas se você guardar tudo para si, você perderá a bênção multiplicada que vem de dar. Deus te testou com dez dólares no supermercado. Agora Ele está te testando com $150,000."

A Decisão

Lucia lutou com a decisão. A parte dela que havia vivido em escassez queria segurar cada centavo. Mas uma nova parte dela, que estava aprendendo a confiar, sabia que Ceulemans estava certo.

Ela decidiu doar 20% - $30,000 - para várias causas. Pagou dívidas médicas para famílias que conhecia que lutavam. Doou para a igreja. Estabeleceu um fundo de bolsas para filhos de pais viúvos.

"Cada vez que dou," ela disse maravilhada, "sinto como se estivesse recebendo mais de volta. Não em dinheiro, mas em paz, em alegria, em propósito."

A Multiplicação

Nos meses seguintes, algo extraordinário aconteceu. Lucia, agora estável financeiramente, começou a ver oportunidades em todo lugar.

Um amigo mencionou uma propriedade de investimento. Com orientação cuidadosa e oração, ela investiu. O valor dobrou em um ano.

Ela começou um pequeno negócio fazendo bolos - algo que sempre amara mas nunca teve tempo. O negócio cresceu rapidamente através de boca a boca.

"Não faz sentido," ela disse a Ceulemans. "Eu deveria estar apenas mantendo a cabeça fora d'água. Em vez disso, estou prosperando."

"Faz sentido quando você entende os princípios de Deus," Ceulemans respondeu. "Quando você dá generosamente e gerencia fielmente o que Deus te dá, Ele confia mais a você."

O Teste

Dois anos após receber o seguro, Lucia estava em uma situação financeira que nunca havia imaginado. Seus filhos tinham fundos de faculdade. Ela tinha uma casa própria. Seu negócio de bolos tinha três funcionários.

Então veio o teste. Sua irmã, que sempre havia sido irresponsável com dinheiro, ligou precisando de $20,000 para evitar a falência de seu negócio.

Lucia lutou. Dar para estranhos era uma coisa. Mas dar para alguém cuja má gestão havia criado sua própria crise?

"O que eu faço?" ela perguntou a Ceulemans.

"O que seu coração diz?" ele respondeu.

"Meu coração diz dar. Minha cabeça diz que é tolice."

"Então você já sabe a resposta," Ceulemans sorriu.

Lucia deu o dinheiro à irmã, mas com condições - aconselhamento financeiro, prestação de contas, um plano claro. Para sua surpresa, sua irmã aceitou todas as condições.

A Transformação Completa

Três anos após aquela primeira conversa no escritório de Ceulemans, Lucia era uma pessoa totalmente diferente. Não apenas financeiramente, mas em toda sua abordagem à vida.

"Eu costumava viver com mentalidade de escassez," ela refletia. "Sempre preocupada que não haveria suficiente. Sempre segurando com força. Mas Deus me ensinou que quanto mais solto minha mão, mais Ele pode me dar."

Seu negócio de bolos agora empregava oito pessoas, todas mães solteiras que precisavam de trabalho flexível. "Eu lembro de como era," Lucia explicava. "Então criei o tipo de trabalho que eu gostaria de ter tido."

Ela também começou um grupo de apoio para viúvas, ensinando planejamento financeiro e fé. "A parte financeira é importante," ela dizia. "Mas a parte da fé é o que realmente muda tudo."

A Lição Profunda

A história de Lucia ensinou verdades importantes sobre prosperidade e propósito:

Primeira: Deus prospera pessoas não apenas para seu conforto, mas para expandir sua capacidade de abençoar outros.

Segunda: Generosidade na escassez abre portas que a ganância na abundância fecha.

Terceira: Prosperidade verdadeira não é apenas sobre ter dinheiro, mas sobre ter propósito e paz.

Quarta: O que parece ser sacrifício no dar frequentemente retorna multiplicado de formas inesperadas.

O Testemunho Vivo

Quando pessoas perguntavam a Lucia o segredo de sua transformação financeira, ela sempre contava a história completa - a escassez, os dez dólares no supermercado, o seguro descoberto, e a jornada de aprender a dar.

"Não foi magia," ela explicava. "Foi princípio espiritual. Deus estava esperando que eu confiasse Nele o suficiente para abrir minha mão, mesmo quando parecia que não tinha nada para dar."

Dezenas de pessoas foram inspiradas por sua história. Alguns começaram a dar mesmo em suas próprias dificuldades e viram mudanças similares. Outros aprenderam a gerenciar o que tinham com mais sabedoria.

E Lucia? Ela continuou prosperando, não porque acumulava, mas porque continuava dando. Cada ano, ela aumentava suas doações. Cada ano, Deus parecia abrir novas portas.

"A prosperidade com propósito," ela frequentemente dizia, "não é sobre quanto você tem. É sobre quanto você pode dar e ainda confiar que Deus proverá mais."

"Prosperidade verdadeira é ter suficiente para suas necessidades e generosidade para as necessidades dos outros."

CAPÍTULO 12: O PODER QUE VEM DO ALTO

"Cada pessoa tem acesso à orientação e propósito divinos"(**Colossenses** *1:16)*

A Jornada Completa

Sentado em sua varanda ao entardecer, Ceulemans refletia sobre a jornada extraordinária que Deus o havia levado. De um jovem de 21 anos perdido nas estradas de Boston a um instrumento através do qual o Espírito Santo tocava vidas de formas que ele nunca poderia ter imaginado.

Ele pensou em todas as pessoas que havia encontrado ao longo do caminho. A senhora no supermercado que não tinha dinheiro para suas compras. O jovem coletando carrinhos no estacionamento. A família na Disney cuja filha foi curada. Roberto e Marcela cujo casamento foi restaurado. Patrícia que encontrou seu verdadeiro chamado. Carlos libertado do vício. Miguel salvo do vazamento de gás. Teresa e Daniel reconciliados. Lucia que aprendeu prosperidade com propósito.

Cada história era única, mas todas compartilhavam um fio comum: o poder de Deus operando através de um coração obediente.

O Padrão Revelado

"Não foi sobre mim," Ceulemans murmurou para si mesmo. Era uma verdade que ele havia aprendido repetidamente ao longo dos anos. Cada milagre, cada transformação, cada momento de intervenção divina - nenhum deles aconteceu por causa de sua própria força, sabedoria ou santidade.

Ele era simplesmente um vaso disponível. Alguém que havia aprendido a reconhecer a voz de Deus e tinha escolhido obedecer, mesmo quando não fazia sentido, mesmo quando era inconveniente, mesmo quando arriscava parecer tolo.

O padrão era sempre o mesmo: Deus falava, ele obedecia, milagres aconteciam, vidas eram transformadas, e Deus recebia toda a glória.

A Pergunta Universal

Mas enquanto refletia, Ceulemans sabia que a pergunta que muitos teriam era simples: "Como eu posso ouvir a voz de Deus como você ouve?"

Era a pergunta que lhe faziam constantemente. Pessoas que queriam experimentar o que ele experimentava, que queriam ser usadas por Deus da forma que ele era usado.

E sua resposta era sempre a mesma: "Você já pode. Deus fala com todos. A questão não é se Ele está falando, mas se estamos ouvindo."

Reconhecendo a Voz

Ao longo dos anos, Ceulemans havia aprendido a reconhecer a voz de Deus de várias formas:

Às vezes era um sussurro suave em seu espírito, uma impressão que não vinha de seus próprios pensamentos. Outras vezes era uma urgência que o despertava do sono, como na noite em que foi alertado sobre o vazamento de gás de Miguel.

Às vezes vinha através das Escrituras, onde uma passagem que ele havia lido dezenas de vezes de repente ganhava novo significado para uma situação específica. Outras vezes era através de sonhos ou visões, como quando viu onde Daniel estaria para se encontrar com sua mãe.

Mas o denominador comum era sempre paz. A voz de Deus trazia paz, mesmo quando pedia coisas difíceis. As vozes de dúvida, medo ou orgulho traziam ansiedade e confusão.

Os Princípios Práticos

Para aqueles que queriam desenvolver essa sensibilidade espiritual, Ceulemans sempre compartilhava alguns princípios práticos que havia aprendido:

Primeiro: Cultive o silêncio. No mundo moderno cheio de ruído constante, Deus frequentemente fala no silêncio. Reserve tempo diário apenas para sentar em quietude, sem telefone, sem distrações, e simplesmente estar presente com Deus.

Segundo: Conheça as Escrituras. Deus nunca falará algo que contradiga Sua palavra escrita. Quanto mais você conhece a Bíblia, mais facilmente reconhece Sua voz.

Terceiro: Comece com pequenas obediências. Antes de Deus confiar grandes tarefas a você, Ele testa sua fidelidade nas pequenas. Se você sente impressão para encorajar alguém, fazer um ato de bondade, ou dar algo - obedeça. Essas pequenas obediências treinam sua sensibilidade espiritual.

Quarto: Espere confirmação. Especialmente para decisões grandes, Deus frequentemente confirma através de múltiplas fontes - Escritura, circunstâncias, conselho sábio de outros crentes, e paz interna persistente.

Quinto: Não tema o erro. Você às vezes confundirá seus próprios pensamentos com a voz de Deus. Isso é parte do aprendizado. Deus é paciente com nossos erros honestos enquanto aprendemos a ouvi-Lo.

O Propósito Individual

"Mas eu não sou especial como você," pessoas frequentemente diziam a Ceulemans. E ele sempre ria.

"Eu não sou especial," ele respondia. "Eu sou simplesmente obediente. E você pode ser também."

A verdade que ele havia descoberto era revolucionária: Deus não tem favoritos. Ele não reserva Sua voz e poder apenas para alguns "escolhidos". Cada pessoa nascida tem um propósito divino, um chamado único, e acesso direto ao Espírito Santo.

O problema nunca era que Deus não estava falando. O problema era que as pessoas não estavam ouvindo, ou ouviam mas escolhiam não obedecer.

Seu Próprio Solo Sagrado

"Solo Sagrado não é um lugar," Ceulemans frequentemente ensinava. "É um estado de ser. É qualquer lugar onde você encontra Deus e obedece Sua voz."

Para ele, havia sido as estradas de Boston onde se perdeu e aprendeu a confiar em orientação divina. Havia sido um supermercado onde ajudou uma senhora idosa. Havia sido a Disney onde uma menina foi curada.

Mas para você, leitor, seu Solo Sagrado será diferente. Pode ser seu local de trabalho, onde Deus o chama para mostrar integridade e amor. Pode ser sua casa, onde você é chamado a ser pacificador e intercessor. Pode ser uma esquina onde você encontra alguém em necessidade.

O Solo Sagrado não é sobre geografia - é sobre disponibilidade. É sobre estar disposto a ser usado por Deus onde quer que você esteja.

O Desafio

Se você chegou até aqui nesta jornada, Ceulemans tinha um desafio para você:

Pare de ler por um momento. Feche os olhos. E pergunte a Deus: "Para que você me criou? Qual é meu propósito?"

Não espere uma voz audível. Não espere uma visão dramática. Mas preste atenção às impressões que vêm. Aos pensamentos que persistem. Às paixões que se agitam em seu coração.

Deus plantou sementes de propósito em você antes mesmo de você nascer. Ele colocou dons, talentos, paixões e chamados dentro de você. A questão não é se eles existem - é se você está disposto a descobri-los e caminhar neles.

A Decisão Diária

"Viver em Solo Sagrado é uma decisão diária," Ceulemans explicava. "Não é um destino que você alcança e depois relaxa. É uma escolha que você faz toda manhã quando acorda."

A escolha de ouvir em vez de simplesmente orar. A escolha de obedecer em vez de racionalizar. A escolha de confiar em vez de controlar. A escolha de dar em vez de acumular. A escolha de servir em vez de ser servido.

Essas escolhas diárias, acumuladas ao longo de meses e anos, transformam uma vida comum em uma jornada extraordinária de fé e impacto.

O Convite Final

Enquanto o sol se punha, pintando o céu com tons de laranja e rosa, Ceulemans sentiu o Espírito Santo impressionando uma mensagem final em seu coração - não para ele, mas para você:

"Você foi criado para mais do que apenas existir. Você foi criado com propósito divino. Há pessoas que só você pode alcançar. Há trabalho que só você pode fazer. Há um papel que só você pode preencher no grande plano de Deus."

"O mundo está cheio de necessidade. Corações quebrados precisam de cura. Famílias divididas precisam de reconciliação. Almas perdidas precisam de direção. E Deus quer usar você - sim, você - para fazer a diferença."

"Você não precisa de credenciais especiais. Não precisa de treinamento teológico formal. Não precisa ser perfeito. Você só precisa estar disponível."

A Promessa

"E aqui está a promessa," Ceulemans continuou, como se falasse diretamente com cada leitor, "quando você diz sim a Deus, quando você escolhe caminhar em obediência, Ele se compromete a equipá-lo, guiá-lo e sustentá-lo."

"Você nunca estará sozinho. O mesmo Espírito Santo que guiou um jovem imigrante perdido em Boston está disponível para você. O mesmo poder que curou uma menina na Disney está disponível para você. A mesma sabedoria que restaurou casamentos e libertou viciados está disponível para você."

"O poder que vem do alto não é reservado para alguns poucos escolhidos. É a herança de todo filho e filha de Deus."

O Começo

"Esta não é a conclusão de uma história," Ceulemans sorriu, observando as primeiras estrelas aparecerem no céu escuro. "É o começo da sua."

"Cada capítulo que você leu não foi apenas sobre minha jornada. Foi um espelho mostrando possibilidades para a sua própria jornada. Onde você vê Deus operando em minha vida, saiba que Ele deseja operar na sua também."

"Solo Sagrado está esperando por você. Não em um lugar distante que você precisa viajar para encontrar, mas bem onde você está agora. Sua casa pode ser Solo Sagrado. Seu trabalho pode ser Solo Sagrado. Seu bairro pode ser Solo Sagrado."

"A única pergunta é: você está pronto para pisar nele com fé?"

A Oração Final

Ceulemans fechou os olhos e orou, não apenas por si mesmo, mas por cada pessoa que leria estas palavras:

"Pai, para cada pessoa que chegou até aqui, eu oro que Você desperte dentro deles uma fome por Seu propósito. Que Você abra seus ouvidos espirituais para ouvir Sua voz. Que Você lhes dê coragem para obedecer mesmo quando não faz sentido."

"Que eles descubram seus próprios Solos Sagrados, aqueles lugares e momentos onde Você se encontra com eles de formas pessoais e poderosas."

"E que suas vidas se tornem testemunhos vivos de Seu poder, amor e fidelidade. Não para que eles sejam celebrados, mas para que Você seja glorificado."

"Use-os, Senhor. Cada um deles. Para os propósitos que somente Você conhece. Amém."

O Fim que é um Começo

Enquanto Ceulemans se levantava para entrar em casa, ele sabia que a história continuaria. Não através dele sozinho, mas através de cada pessoa que escolhesse responder ao chamado de Deus.

Através de você.

A jornada de Solo Sagrado não termina com a última página deste livro. Ela começa quando você fecha o livro e escolhe viver o que aprendeu.

Quando você escolhe ouvir. Obedecer. Confiar. Dar. Servir.

Quando você escolhe ser um vaso através do qual o poder que vem do alto pode fluir para um mundo necessitado.

Seu Solo Sagrado está esperando.

O que você fará?

"O fim de uma história, o começo da sua jornada."

EPÍLOGO

Anos depois, quando pessoas perguntavam a Ceulemans sobre seu maior legado, ele sempre respondia da mesma forma:

"Não são as histórias que contei ou as pessoas que ajudei. Meu maior legado são aqueles que ouviram o chamado e escolheram responder. Aqueles que descobriram que eles também podiam ouvir a voz de Deus e ser usados por Ele."

"Porque quando uma pessoa encontra seu propósito e caminha nele, eles tocam dezenas de outras vidas. E essas pessoas tocam centenas. E o impacto continua se multiplicando até que o reino de Deus se expanda de formas que nunca poderíamos contar ou medir."

"Essa é a beleza de Solo Sagrado. Não é apenas minha história. É a nossa história. E a história nunca termina realmente - ela apenas encontra novos capítulos em novas vidas."

FIM